과학공화국 물리법정

과학공화국 물리법정 10

상대성 이론

초판 1쇄 발행일 | 2008년 5월 26일
초판 19쇄 발행일 | 2024년 2월 1일

지은이 | 정완상
펴낸이 | 정은영
펴낸곳 | (주)자음과모음

출판등록 | 2001년 11월 28일 제2001-000259호
주소 | 10881 경기도 파주시 회동길 325-20
전화 | 편집부 (02)324-2347, 경영지원부 (02)325-6047
팩스 | 편집부 (02)324-2348, 경영지원부 (02)2648-1311
e-mail | jamoteen@jamobook.com

ISBN 978-89-544-1464-7 (04420)

과학공화국 물리법정

10 상대성 이론

정완상(국립 경상대학교 교수) 지음

(주)자음과모음

생활 속에서 배우는 기상천외한 과학 수업

처음 법정 원고를 들고 출판사를 찾았던 때가 새삼스럽게 생각납니다. 당초 이렇게까지 장편 시리즈가 될 거라고는 상상도 못했습니다. 그저 한 권만이라도 생활 속의 과학 이야기를 재미있게 담은 책을 낼 수 있었으면 하는 마음이었습니다. 그런 소박한 마음에서 출발한 과학공화국 법정 시리즈는 총 10부까지 50권이라는 방대한 분량으로 제작하게 되었습니다.

과학공화국! 물론 제가 만든 말이지만 과학을 전공하고 과학을 사랑하는 한 사람으로서 너무나 멋진 이름이었습니다. 그리고 저는 이 공화국에서 벌어지는 황당한 많은 사건들을 과학의 여러 분야와 연결시키는 노력을 해 왔습니다.

매번 에피소드를 만들려다 보니 머리에 쥐가 날 때도 한두 번이 아니었고, 워낙 출판 일정이 빡빡하게 진행되었기 때문에 이 시리즈의 원고를 쓰는 데 솔직히 너무 힘들었습니다. 그래서 적당한 시점에서 원고를 마칠까 하는 마음도 굴뚝같았습니다. 하지만 출판사에서는 이왕 시작한 시리즈니 각 과목 10권씩, 총 50권으로 완성하자고 했고, 저는 그 제안을 수락하게 되었습니다.

하지만 보람은 있었습니다. 교과서에 나오는 과학 내용을 생활 속의 에피소드에 녹여 저 나름대로 재판을 하는 과정에서 마치 제가 과학의 신이 된 것처럼 뿌듯하기도 했고, 상상의 나라인 과학공화국에서 즐거운 상상을 펼칠 수 있어서 좋았습니다.

과학공화국 시리즈를 진행하면서 많은 초등학생과 학부모님들을 만나 이야기를 나누었습니다. 그리고 그들이 저의 책을 재밌게 읽어주고 과학을 점점 좋아하게 되는 모습을 지켜보며 좀 더 좋은 원고를 쓰고자 노력하였습니다.

이 책을 내도록 용기와 격려를 아끼지 않은 자음과모음의 강병철 사장님과 빡빡한 일정에도 불구하고 좋은 시리즈를 만들기 위해 함께 노력해 준 자음과모음의 모든 식구들, 그리고 진주에서 작업을 도와준 과학 창작 동아리 'SCICOM'의 식구들에게 감사를 드립니다.

진주에서

정완상

목차

피즈 변호사

프롤로그

물리법정의 탄생

과학을 좋아하는 사람들이 모여 사는 과학공화국이 있었다. 과학공화국 국민들은 어릴 때부터 과학을 필수 과목으로 공부하고, 첨단 과학을 이용하여 신제품을 개발해 엄청난 무역 흑자를 올리고 있다. 그리하여 과학공화국은 지구상에서 가장 부유한 나라가 되었다.

과학이 곧 국가의 부라는 것을 인식한 공화국 정부는 과학에 대한 투자를 점점 더 늘려 과학공화국에는 많은 연구소들이 만들어지고, 우수한 과학 인력들이 첨단 과학을 연구하고 있다.

과학에는 물리학, 화학, 생물학 등이 있는데, 과학공화국 국민들은 다른 과학 과목에 비해 유독 물리학을 어려워했다. 돌멩이가 떨어지는 것이나 자동차의 충돌 사고, 놀이기구의 작동 원리, 정전기 등과 같은 물리적인 현상은 주변에서 쉽게 볼 수 있지만, 그러한 현상의 원리를 정확하게 알고 있는 사람은 드물었다.

이것은 과학공화국의 대학 입시제도와 관련이 깊었다. 대부분의 고등학생들은 대학 입시에서 점수를 받기 쉬운 화학이나 생물을 선호하고 물리를 멀리 하는 경향이 있어, 대학 입시제도에 의해 물리는 점점 과학공화국에서 소외되었다. 학교에서는 물리를 가르치는 선생님들이 줄어들었고, 선생님들의 물리 지식 수준 또한 낮아졌다.

이런 상황에서도 과학공화국에서는 물리를 이해해야 해결할 수 있는 크고 작은 사건들이 많이 일어났다. 그런데 사건의 상당수가 법학을 공부한 사람들로 구성된 일반 법정에서 다루어지고 있어 정확한 판결을 내리기가 힘들었다. 이로 인해 물리학을 잘 모르는 일반 법정의 판결에 불복하는 사람들이 많아져 심각한 사회 문제가 되었다. 그러자 과학공화국의 박과학 대통령은 이 문제를 가지고 관계 장관 회의를 열었다.

"이 문제를 어떻게 처리하면 좋겠소?"

대통령이 힘없이 말을 꺼냈다.

"헌법에 물리적인 부분을 좀 추가하면 어떨까요?"

법무부 장관이 자신 있게 말했다.

"좀 약하지 않을까?"

대통령이 못마땅한 듯 대답했다.

"물리학과 관계된 사건에 대해서는 참고인으로 물리학자를 법정에 참석시키면 어떨까요? 의료 사건의 경우 의사를 참고인으로 참석시켰더니 아주 성공적이었거든요."

의사 출신인 의학부 장관이 끼어들었다. 그러자 서민부 장관이 의

학부 장관의 말에 반박했다.

"의사를 참고인으로 출석시켜 뭐가 성공적이었소? 의사들의 실수로 인한 의료 사고에서 참고인인 의사가 피고인 의사 편을 들어 피해자가 속출했잖소?"

"자네가 의학을 알아? 그건 전문 분야라 의사들밖에 모르는 거야."

"가재는 게 편이라고, 항상 의사들에게 유리한 판결만 내려졌잖아."

평소 사이가 좋지 않은 두 장관이 논쟁을 벌였다.

"그만두시오. 우린 지금 의료 사건에 관해 논의하는 게 아니잖아요. 본론인 물리 사건에 대한 해결책을 말해 보세요."

이를 지켜보던 부통령이 두 사람의 논쟁을 막았다.

"주무 장관인 물리부 장관의 의견을 들어 봅시다."

수학부 장관이 의견을 냈다.

그때 조용히 눈을 감고 있던 물리부 장관이 말했다.

"물리학으로 판결을 내리는 새로운 법정을 만들면 어떨까요? 한마디로 물리법정을 만들자는 겁니다."

"물리법정?"

침묵을 지키고 있던 박과학 대통령이 눈을 크게 뜨고 물리부 장관을 쳐다보았다.

"물리에 관한 사건은 물리법정에서 다루는 거죠. 그리고 그 법정에서 다루어진 사건의 판례들을 신문에 게재하면 사람들은 더 이상 다투지 않고 시시비비를 가릴 수 있을 겁니다."

물리부 장관이 자신 있게 말했다.

"그럼 물리법을 국회에서 만들어야 하잖소?"

법무부 장관이 물었다.

"물리학은 정직한 학문입니다. 사과나무의 사과는 땅으로 떨어지지 하늘로 치솟지는 않습니다. 또한 양의 전기를 띤 물체와 음의 전기를 띤 물체 사이에는 서로 끌어당기는 힘이 작용하죠. 이러한 사실은 사람에 따라, 나라에 따라 달라지지 않습니다. 그러므로 물리학의 법칙이 바로 물리법, 새로운 물리법을 만들 필요는 없습니다."

물리부 장관의 말이 끝나자 대통령은 환하게 웃으며 흡족해했다. 이렇게 해서 과학공화국에는 물리 사건을 담당하는 물리법정이 만들어지게 되었다.

이제 물리법정의 판사와 변호사를 결정해야 했다. 하지만 물리학자는 재판 진행 절차에 미숙하므로 물리학자에게 재판을 맡길 수는 없었다. 그리하여 과학공화국에서는 물리법 고시가 실시되었다. 시험 과목은 물리학과 재판 진행법, 두 과목이었다. 많은 사람들이 지원할 걸로 기대했지만 세 명의 물리 법조인을 선발하는 시험에 세 명이 지원해 지원자 모두 합격하는 해프닝을 연출했다. 1등과 2등의 점수는 만족할 만한 점수였지만, 3등을 한 물치는 시험 점수가 형편없었다. 수석을 한 물리짱이 판사를 맡고, 2등을 한 피즈와 3등을 한 물치가 변론을 맡게 되었다.

이렇게 해서 과학공화국 사람들 사이에서 벌어지는 물리에 관한 많은 사건들이 물리법정의 판결을 통해 원활히 해결될 수 있었다. 그리고 국민들은 물리법정의 판례를 통해 여러 가지 물리에 관한 법칙을 쉽고 정확히 알 수 있게 되었다.

제1장

특수 상대론에 관한 사건

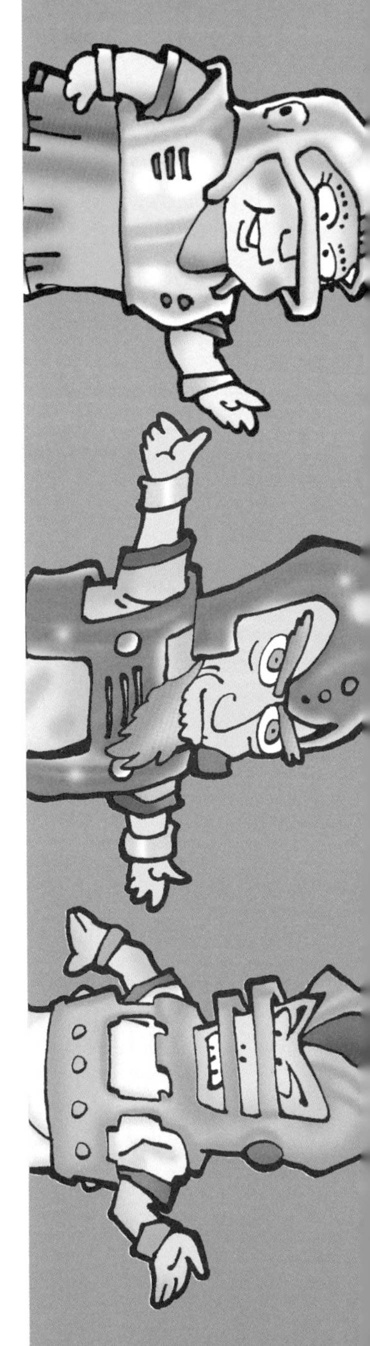

광속 불변의 원리 – 빛의 속도가 더 빨라지나요?

질량 증가① – 질량도 달라진다니까요

질량 증가② – 빛은 질량이 없다니까요

길이 수축 – 안드로메다에서 어떻게 와요

스타보우 – 별빛이 만든 무지개

질량과 에너지 – 질량보존의 법칙이 틀렸다고요?

빛의 속도가 더 빨라지나요?

달리는 자동차의 빛과 정지한 자동차의 빛의 속도가 같을까요?

과학공화국에 뉴통이라는 과학자가 있었다. 뉴통은 물리에 대해 관심이 많았는데, 나무에서 떨어지는 사과를 그냥 지나치지 않고 그 원리에 대해 골똘히 생각할 정도로 과학에 대한 관심이 많았다. 그런 뉴통이 요 며칠 꼼짝하지 않고 책상에 앉아 연구를 하고 있었다. 수십 권의 책을 쌓아 놓고 무엇인가 열심히 쓰기도 하고, 깊은 생각에 잠기기도 했다. 그렇게 며칠이 지났을까. 뉴통은 무언가 대단한 것을 발견했는지 크게 소리를 질렀다.

"심봤다! 아니, 과학 봤다!"

뉴통은 연구에 몰두하느라 며칠째 씻지도 못한 얼굴로 마을을 돌아다녔다. 마을 사람들은 이상한 눈으로 그를 쳐다봤지만, 그가 독특한 뉴통이라는 걸 알고는 모두들 그러려니 했다. 기쁨을 감추지 못하는 뉴통은 집으로 돌아와 전화기를 들었다.

"과학 역사에 한 페이지를 장식할 만한 대단한 걸 제가 발견했어요!"

전화를 건 곳은 물리 잡지를 발간하는 잡지사 〈PHYSICS〉였다. 이 물리 잡지는 과학공화국 사람이라면 누구나 구독할 정도로 유명하고 유익한 잡지였다. 뉴통은 자신이 한 발견을 많은 사람들에게 알리기 위해 잡지사에 전화를 건 것이다.

"무엇을 발견하셨습니까?"

"달려가면서 물체를 던지면 물체의 속도가 달려가는 속도만큼 빨라진다는 것입니다!"

뉴통은 혹시나 다른 사람들이 들을까 봐 수화기를 손으로 가리고 작은 목소리로 말했다. 며칠 동안 씻지도, 자지도 않고 발견한 이 사실을 다른 사람에게 빼앗길 수는 없었다.

"그것이 정말입니까?"

"그럼요! 제가 연구 자료를 곧 보내드리겠습니다. 이 사실을 빨리 사람들에게 알렸으면 좋겠습니다."

"그럼, 기다리고 있겠습니다. 그게 사실이라면 정말 대단한 발견을 하신 겁니다!"

뉴통이 대단한 발견을 한 것이라 생각한 잡지사 기자는, 당장 그의 연구 내용을 잡지에 실었다. 뉴통의 사진이 표지에 실린 잡지는 이 발견을 사람들에게 널리 알리기 시작했다. 최근에는 새로운 과학적 발견이 뜸했기 때문에 뉴통의 이번 발견은 과학에 목말라 있던 많은 사람들에게 오아시스나 다름없었다.

"뉴통 씨, 사람들의 반응을 보셨습니까? 정말 폭발적입니다!"

잡지사에서는 잡지 〈PHYSICS〉가 평소보다 두 배 이상 팔리자 뉴통에게 이 사실을 알리기 위해 전화를 걸었다. 그러나 뉴통은 전화를 건성으로 받았다. 그는 또다시 자신이 앞서 밝혔던 발견과 관련된 연구를 하고 있었던 것이다.

"새로운 연구를 시작하셨습니까?"

"네, 제가 또 대단한 걸 발표할 것 같습니다."

"정말이십니까? 뉴통 씨는 정말 대단하십니다. 그럼, 이번에는 바로 기자회견을 하지요."

"기자회견이요?"

"이번에는 연구 결과를 잡지에 실을 게 아니라 바로 기자회견을 하시지요. 지금 세계의 이목이 뉴통 씨에게 집중해 있습니다!"

결국 뉴통의 새로운 발견은 잡지가 아니라 기자회견을 통해 알리기로 했다. 그것이 많은 사람들에게 자신의 생각을 확실히 전할 수 있는 방법이라고 생각했기 때문이다. 과학에 관심 있는 사람들은 뉴통이 새로운 연구 결과를 가지고 기자회견을 한다는 소식을 듣고 모두 기대에 차 있었다. 그중에는 과학자 아잉도 있었다. 아잉 역시 뉴통처럼 물리에 대해서 많은 연구를 해 왔기 때문에 이번에 뉴통이 어떤 연구를 발표할지 기대되는 것은 마찬가지였다.

드디어 기자회견 날이 밝았다.

"새로운 연구를 발표해 주실 뉴통 씨입니다!"

뉴통을 보기 위해 수많은 기자와 과학자들이 모였다. 뉴통이 등장하자마자 박수 소리와 함께 여기저기서 카메라 플래시가 터졌다.

"이렇게 많은 분들이 와 주셔서 감사합니다. 저의 이번 연구는……."

앞에 모인 사람들은 침을 꼴깍 삼키며 뉴통의 연구 발표를 기다렸다.

"항상 빛의 속도보다 빠른 속도를 만들 수 있다는 것입니다!"

뉴통의 말이 끝나자 사람들은 놀라움에 입을 딱 벌리고 말았다.

"어떻게 그럴 수 있지요?"

볼펜을 빠르게 움직이던 어느 기자가 물었다.

"제가 얼마 전에 물체의 속도는 달려가는 속도만큼 빨라진다는 연구를 발표한 적이 있습니다. 그 이론이 빛에도 적용된다고 생각했습니다."

"빛에도 말씀입니까? 그럼 빛도……."

"네, 그렇습니다. 예를 들어 자동차가 헤드라이트를 비추면서 달린다고 해 봅시다. 그럼 그 헤드라이트에서 나오는 빛도 자동차의 속도만큼 빨라집니다. 그러면 항상 빛의 속도보다 빠른 속도를 만들 수 있다는 것이지요."

뉴통은 자신의 연구 결과를 발표했다. 그것을 받아 적는 기자들도 감탄했는지 연신 고개를 끄덕였다. 그것이 사실이라면 항상 고정적이었던 빛의 속도 개념을 바꿀 수 있는 대단한 이론이었기 때문이다. 하지만 뉴통의 말이 끝나자마자 누군가가 손을 들었다.

"질문 있으신가요?"

"저는 과학자 아잉이라고 합니다. 제 생각으로는 뉴통 씨의 이론이 잘못된 것 같은데요."

"뭐라고요?"

갑작스러운 아잉의 발언에 기자들은 물론 뉴통까지 하던 동작을 멈추고 아잉을 바라보았다.

"달리는 자동차나 정지해 있는 자동차나 빛의 속도는 같아요!"

아잉은 많은 사람들 앞에서 말하는 게 쑥스러웠지만, 잘못된 것은 고쳐야 한다는 생각으로 용기를 내 말했다. 그리고 열심히 받아 적던 기자들은 동작을 멈추고 아잉과 뉴통을 번갈아 쳐다보았다.

"아닙니다. 항상 빛의 속도보다 더 빠른 속도를 만들 수 있습니다. 제가 연구 결과를 발표하자 질투가 나신 건가요?"

"천만에요! 저는 그 이론이 틀렸다는 걸 알려드리고 싶은 겁니다. 빛의 속도는 항상 같으니까요!"

많은 기자들이 모여 있는 기자회견장에서는 뉴통과 아잉의 언쟁이 계속되었다. 뉴통만큼이나 아잉의 생각도 확고하고, 그 역시 과학자였기 때문에 괜히 하는 말은 아닐 거라고 생각한 기자들이 이 논쟁을 법정에 맡기자고 했다. 뉴통은 자신의 기자회견을 망친 것에 화가 났지만, 자신의 의견이 맞을 것이라 생각하고 이 문제를 물리법정에 맡기는 것을 찬성했다.

빛의 속도는 물체가 가질 수 있는 속도의
최댓값이므로, 어떤 경우라도 빛의 속도보다
더 큰 값은 나오지 않습니다.

달리는 자동차에서 나오는 빛과 정지한 자동차에서 나오는 빛의 속도가 같을까요?
물리법정에서 알아봅시다.

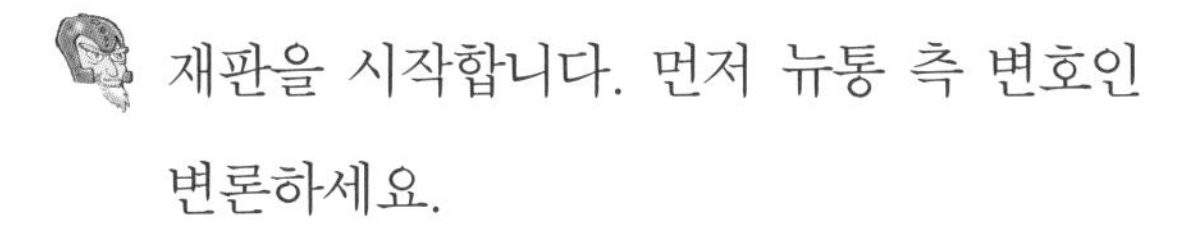

재판을 시작합니다. 먼저 뉴통 측 변호인 변론하세요.

달리는 차에서 던져진 물체의 속도가 달리는 차의 속도만큼 빨라진다는 것은 잘 알려진 물리 법칙입니다. 예를 들어 달리는 차의 속도를 V라 하고, 던져진 물체의 속도를 W라고 할 때, 버스 밖에 정지해 있는 관찰자가 이 물체를 본다면 V+W의 속도로 움직이는 것으로 보게 됩니다. 이것이 유명한 갈릴레이의 속도 덧셈 규칙입니다.

가만, 속도는 방향이 있잖아요?

그렇습니다. 그러므로 달리는 차의 방향이 물체의 방향과 같으면 정지한 사람이 볼 때 물체의 속도는 더 커지게 되고, 반대로 달리는 차의 방향이 물체의 방향과 반대이면 정지한 관찰자가 볼 때 물체의 속도는 더 작은 값으로 보이게 되지요. 그러므로 차가 달리는 방향으로 헤드라이트를 켜면 그때 헤드라이트에서 나오는 빛의 속도를 차 밖에 정지해 있는 관찰자가 볼 때 더 큰 속도로 관측되는 것이 마땅하지요.

듣고 보니 그런 것도 같군요. 그럼 아잉 측 변호사 변론하세요.

 상대성 연구소 소장인 슈타인 박사를 증인으로 요청합니다.

머리가 벗겨진, 다소 완고해 보이는 60대 남자가 증인석으로 들어왔다.

 증인은 상대성 이론을 연구하고 있죠?

 그렇습니다.

 그럼 뉴통과 아잉의 논쟁에 대해 어떻게 생각하나요?

 아잉의 말이 옳습니다.

 그 이유에 대해 설명해 주시겠습니까?

 네, 빛의 속도는 물체가 가질 수 있는 속도의 최댓값입니다. 그러므로 어떤 경우라도 빛의 속도보다 더 큰 값은 나오지 않습니다. 달리는 차든 정지해 있는 차든 헤드라이트에서 나오는 빛의 속도는 원래의 빛의 속도가 됩니다. 이것을 광속 불변의 원리라고 하죠.

 그게 사실인가요?

 실험적으로 증명된 사실입니다.

 그렇군요. 좀 더 자세히 말씀해 주십시오.

 네덜란드의 드지터라는 천문학자가 쌍성으로부터 오는 두 빛의 속도를 조사했습니다.

 쌍성이 뭡니까?

쌍둥이 별이라고 생각하면 됩니다. 같은 크기와 무게를 가진 두 별이 서로 끌어당기면서 서로의 주위를 도는 한 쌍의 별을 말하지요. 이때 쌍성을 이루는 두 별 중 하나가 지구로부터 멀어지면 다른 하나는 지구에 가까워집니다. 그러므로 갈릴레이의 속도 덧셈의 원리가 적용되면, 지구에 가까워지는 별에서 나온 빛은 빠르고 지구에서 멀어지는 별에서 나온 빛은 느려지므로 두 별에서 나오는 빛을 동시에 관측했을 때 두 별 빛이 도달하는 시간 차이 때문에 간섭을 일으켜 간섭무늬를 만들게 됩니다. 하지만 드지터의 실험 결과, 간섭무늬는 발견되지 않았습니다.

그럼 두 빛이 같은 시간에 도달한 거군요.

네, 그렇게 볼 수 있습니다.

그렇다면 아잉의 주장이 맞는 거군요. 그렇죠, 판사님?

네, 그렇군요. 이번 사건은 뉴통과 아잉이 내세운 서로 다른 주장의 시시비비를 물리법정에서 해결하고자 한 사건입니다. 증인의 말대로 드지터의 관측에 의해 아잉의 주장이 사실임이 판명되었으므로, 아잉의 주장대로 빛은 갈릴레이의 속도 덧셈 공식을 따르지 않는다고 결론 내리는 바입니다. 이상으로 재판을 마치겠습니다.

재판이 끝난 후, 아잉의 주장은 그야말로 돌풍을 일으켰다. 그동안 많은 사람들이 믿어 온 물리학의 법칙이 순식간에 깨졌기 때문이다. 사람들은 이번 사건을 계기로 아잉의 이론을 새로운 물리 법칙으로 받아들이게 되었고, 아잉은 스타 물리학자가 되었다.

광속은 빛의 속도를 말한다. 빛의 속도는 초속 30만km로 이 세상에서 가장 빠른 속도이다. 광속은 1676년 뢰머가 목성을 도는 위성의 식 주기 변화를 통해 최초로 측정했다.

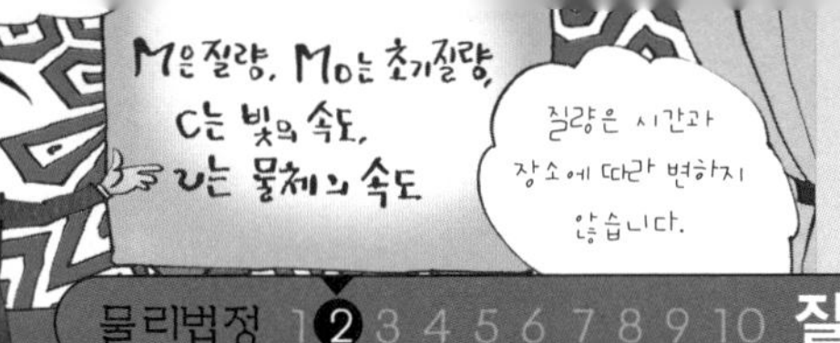

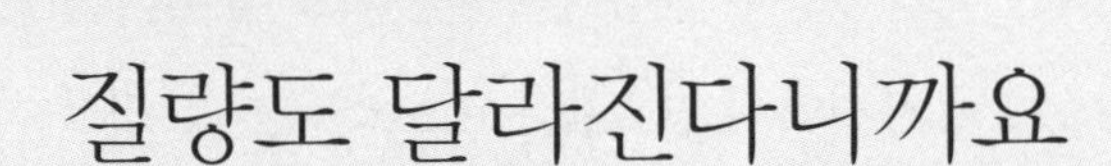

질량도 달라진다니까요

빛의 속도에 가까워지면 질량이 커지나요?

과학공화국에서 과학 엑스포가 열렸다. 매년 열리는 것이지만, 그때마다 새로운 주제와 실험들로 구성되었기 때문에 과학에 관심이 있는 사람들은 매년 과학 엑스포를 찾았다. 과학 엑스포에는 개구리 해부도를 볼 수 있는 생물 엑스포, 두 액체가 섞여 색깔이 바뀌는 현상을 볼 수 있는 화학 엑스포, 밤하늘의 별들을 관찰할 수 있는 지구과학 엑스포도 있었지만, 가장 인기 있는 것은 스프링으로 파동을 표현한 물리 엑스포였다. 이렇게 재미있는 과학 엑스포를 김고정 씨의 아들 김정지 군이 놓칠 리 없었다.

"아빠, 우리도 과학 엑스포에 가요~."

"10분만 더 자고……."

김고정 씨는 과학공화국 물리학회에서 자료 수집하는 일을 맡고 있기 때문에 전날 새벽까지 자료를 모으느라 제대로 잠을 자지 못했다. 그래서 아들이 온몸에 힘을 실어 김고정 씨를 흔들어 깨워도 좀처럼 일어날 기미를 보이지 않았다.

"아빠~ 훌쩍, 우리 반에서 아직 과학 엑스포에 못 가 본 사람은 나뿐이라고요. 훌쩍!"

김고정 씨가 좀처럼 일어나지 않자 김정지 군은 마지막 비장의 무기인 눈물을 사용했다. 실제로는 반에서 과학 엑스포에 안 간 친구들이 아직 몇 명 있었지만, 오늘은 과학자와의 만남이 있다는 소리를 듣고 필사적으로 아빠를 설득하고 있는 것이다.

"알았다, 알았어. 가자, 가! 사내가 울면 안 되지!"

아들의 눈물에 약한 김고정 씨는 피곤한 몸을 일으켜 김정지 군을 다독였다. 가자는 아버지의 말에 김정지 군은 언제 눈물을 흘렸냐는 듯 울음을 뚝 그쳤다.

"진짜 가는 거죠? 우와~ 신난다!"

"너 방금 운 거 맞니?"

이렇게 해서 김고정 씨와 김정지 군은 과학 엑스포에 가게 되었다. 둘은 우선 물리 엑스포로 들어갔다. 물리학회에 있는 아버지의 피를 물려받은 것인지 김정지 군도 다른 과학 분야보다 물리 쪽에 관심이 많았다. 더군다나 오늘은 특별히 과학자를 초청한다는 소식을 들었기 때문에 주저하지 않고 물리 엑스포 쪽으로 향한 것이다.

"우와~ 아빠, 신기한 거 되게 많다."

들어가는 길목이 다양한 전구로 장식되어 있고, 벽마다 위대한 과학자의 초상화가 걸려 있었다. 하지만 김정지 군에게는 이런 장식이 눈에 들어오지 않았다. 김정지 군이 기대한 것은, 이런 장식이 아니라 실제로 과학자를 볼 수 있다는 것이었기 때문에 곧 있을 과학자와의 만남을 기다리고 있었다.

"물리 엑스포에 오신 여러분, 잠시 후 과학자 강날쌘 씨와의 만남이 시작됩니다. 참여하고 싶으신 분은 D-30 회의실로 모여 주시기 바랍니다. 다시 한 번 말씀드립니다……."

물리 엑스포관 안에 과학자와의 만남 시간을 알리는 방송이 울려 퍼졌다.

"아빠, D-30 회의실이래. 빨리 가자!"

"하암~ 그래, 알았다니까."

김정지 군은 하품을 하고 있는 아버지를 잡아끌었다. 그리고 이미 많은 사람들이 와 있는 회의실로 갔다. 단상 위에는 과학자 강날쌘 씨가 서 있었다. 희끗희끗한 흰머리가 마치 아까 초상화에서 본 아인슈타인 같은 느낌을 주었다.

"안녕하세요? 저는 과학자 강날쌘입니다!"

회의실 안이 사람들로 거의 다 차자 과학자 강날쌘 씨가 사람들에게 인사를 했다. 김정지 군 같은 초등학생부터 아줌마, 아저씨 등 모두 강날쌘 씨를 보기 위해 모여든 사람들이었다.

“저는 이제부터 여러분께 질량에 대해 설명할 거예요.”

아버지에게 들어 질량이 대충 무엇인지 알고 있던 김정지 군은 자신이 아는 단어가 나오자 더욱더 관심을 보이며 좋아했다. 과학자 강날쌘 씨는 질량에 대해 간단히 설명했다. 그리고 사람들이 질량에 대해 어느 정도 이해했다고 생각되었을 때, 조금 더 심도 있는 이야기를 꺼냈다.

“여러분, 그거 아세요? 정말 빠르면, 토끼보다 빠르면, 빛의 속도에 가까울 정도로 정~말 빠르면 질량도 점점 커진답니다!”

그 자리에 모인 사람들이 대부분 아이들이었기 때문에 최대한 아이들의 관심을 끌 수 있는 말투로 설명했다. 그러자 아이들은 모두 신기하다는 얼굴로 귀를 기울였다. 그러나 자신의 귀를 의심하는 사람도 있었다. 바로 김고정 씨였다. 푹신한 의자에 기대 살짝 잠이 든 그가 언뜻 들리는 말에 바로 눈을 떴다.

“질량이 점점 커진다고?”

“응, 빛의 속도 정도로 빠르면 질량도 커진대!”

아들 김정지 군은 너무 신기한 사실을 알았다는 듯 두 눈을 동그랗게 뜨고 과학자에게 들은 얘기를 아버지에게 전했다. 그러나 그 말을 들은 김고정 씨는 아무 대꾸도 하지 않고 잠시 생각에 잠겼다. 그러더니 자리에서 벌떡 일어났다.

"그건 잘못된 설명입니다."

"네?"

한창 과학자 강날쌘 씨가 질량에 대해 설명하고 있을 때 김고정 씨의 느닷없는 목소리가 강의실 안에 울려 퍼졌다. 물리학회에서 일하고 있는 김고정 씨는 질량이 점점 커진다는 말에 동의할 수 없었던 것이다. 그래서 바로잡아야겠다는 생각으로 소리치듯 말했다. 이 자리에 자신의 아들도 있었기에 더더욱 그랬다. 강의실 안에 있던 모든 사람들의 시선이 김고정 씨에게 쏠렸다.

"질량은 시간과 장소에 따라 변하지 않습니다!"

김고정 씨는 자신 있게 말했다.

"저는 과학자입니다. 분명히 빛의 속도만큼 빨라지면 질량은 점점 커집니다. 뭔가 잘못 알고 계신 것 아닙니까?"

"저는 물리학회에서 일하고 있습니다. 저도 물리 지식은 웬만큼 가지고 있습니다. 속도가 아무리 빨라져도 질량은 변하지 않습니다!"

물리학에 관한 지식만큼은 누구 못지않다는 생각을 가지고 있던 두 사람은 시간이 갈수록 더욱더 팽팽하게 맞섰다. 과학자 강날쌘 씨는 자신의 첫 번째 강연회가 망친 것 같아 기분이 많이 상했다. 더군다나 과학자인 자신에게 반박한 사람이 있어 좀처럼 기분이 풀리지 않았다. 결국 강날쌘 씨는 자신의 말을 헛소리로 몰고 간 김고정 씨를 물리법정에 고소하기에 이르렀다.

빛의 속도에 가까워지면 속도 변화가 힘들어
관성이 커지면서 질량도 커집니다.

빛의 속도에 가까워지면 질량이 달라질까요?

물리법정에서 알아봅시다.

재판을 시작하겠습니다. 먼저 피고 측 변론하세요.

질량이라는 것은 시간과 장소에 따라 달라지지 않는다고, 우리의 위대한 물리학자 뉴턴 선생님이 이미 말씀하신 바 있습니다. 즉, 질량이란 뉴턴의 물리학에서 관성을 나타내는 양이지요. 무거울수록 변화를 싫어하기 때문에 관성이 큽니다. 뉴턴의 물리학에서 질량은 절대적이에요. 그 말은 절대로 달라질 수 없는 양이라는 뜻입니다. 그런데 질량이 달라진다니요? 말이 안 되죠. 그렇죠, 판사님?

말이 되는지 안 되는지는 재판을 지켜보면 알겠죠. 그럼 원고 측 변론하세요.

질량증가 연구소의 나살져 박사를 증인으로 요청합니다.

머리를 올백으로 빗어 넘긴 40대의 깡마른 남자가 증인석으로 들어왔다.

빛의 속도에 가까워지면 질량이 커지나요?

 물론입니다. 정지해 있을 때보다 커집니다.

 그렇다면 질량이 커지는 이유는 무엇입니까?

 빛의 속도는 어떤 경우라도 달라지지 않기 때문입니다. 즉, 빛의 속도가 모든 속도의 최댓값이기 때문에 이런 일이 일어나는 것이지요. 속도가 느린 물체는 쉽게 속도 변화를 일으킬 수 있습니다. 그러므로 속도가 느리면 관성과 질량이 작지요. 하지만 속도가 점점 빨라져 거의 빛의 속도에 가까워지면 속도를 변화시키기 힘들어집니다. 그러므로 관성이 커져요. 따라서 질량도 커져야 합니다. 그래서 정지해 있을 때의 질량이 제일 작고, 빛의 속도에 가까워질수록 질량은 점점 커지지요.

 그럼, 왜 우리가 달리면 질량이 커지지 않는 거죠?

 그것은 우리가 움직이는 속도가 빛의 속도에 비해 너무 작기 때문입니다. 그때는 질량이 증가한다 해도 우리가 거의 느끼지 못할 정도로 증가하지요.

 그렇군요. 자세한 말씀 감사합니다.

 판결하도록 하겠습니다. 오늘 우리는 빛의 속도가 속도의 최댓값이기 때문에 움직이면 질량이 달라진다는 것을 처음 알게 되었습니다. 그러므로 질량은 변하지 않는다고 주장하신 김고정 씨는 강날쌘 씨에게 사과하도록 하십시오. 이상으로 재판을 마치도록 하겠습니다.

재판이 끝난 후, 김고정 씨는 자신의 부족한 과학 지식에 대해 반성하고, 강날쌘 씨에게 상대성 이론에 관해 배우게 되었다. 그리고 지금은 김고정 씨와 강날쌘 씨가 함께 상대성 이론에 대한 새로운 논문을 준비하고 있다.

질량

뉴턴의 물리학에서 질량은 시간과 장소에 따라 달라지지 않는다. 그러므로 물체가 움직이더라도 질량은 달라지지 않는다. 하지만 아인슈타인의 상대성 원리에 따르면 물체의 질량은 물체의 운동 속도에 따라 달라진다.

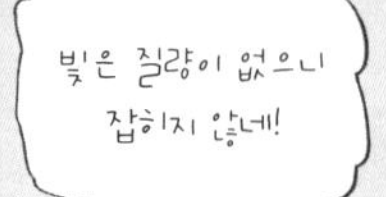

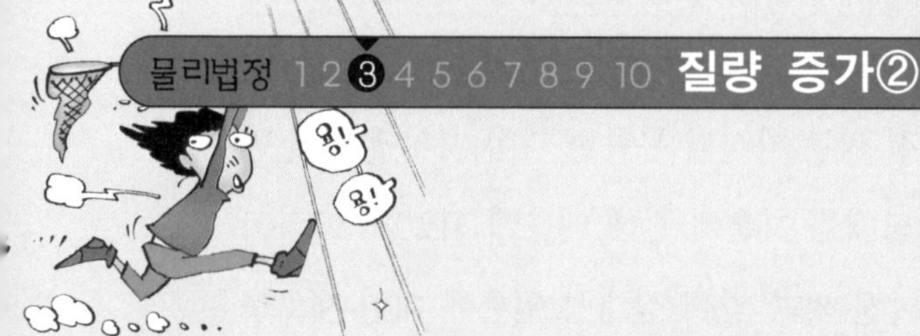

빛은 질량이 없다니까요

존재하는 모든 것에 질량이 있나요?

과학공화국에 라이트 물리학회가 생겼다. 화학학회, 생물학회에 비해 활동이 적었던 물리학회의 단점을 극복하고, 새로운 빛을 보자는 의미로 라이트 물리학회를 만든 것이다. 이 물리학회는 한 달에 한 번 모이는 다른 학회와는 달리 많은 사람들이 일주일에 한 번 모일 정도로 자주 모여 토론을 하고 직접 실험도 하였다. 그런데 이 학회 모임에서 만나기만 하면 티격태격하는 두 학자가 있었다.

"제가 이번에 쓴 논문이 번역되어 해외로 보내진다는 얘기 들으셨습니까?"

일주일 만에 모인 학회에서 노그람 씨는 자신보다 키가 작은 이프 씨를 내려다보며 말했다.

"아~ 그거요. 제 논문이 책으로 발간된다는 소식은 못 들으셨나 봅니다?"

이프 씨도 노그람 씨에게 지지 않으려는 듯 발끝을 세우며 말했다. 이처럼 두 사람은 만나기만 하면 자기 자랑을 하며 서로에게 으르렁댔다. 두 사람의 싸움은 처음 학회 설립 때 학회장 선거에 이프 씨와 노그람 씨가 모두 출마하면서부터 시작되었다. 결국 두 사람이 티격태격하는 사이에 학회장 자리는 운좋아 씨가 차지하게 되었다.

"키는 작은데 발만 세우신다고 키가 어디 커지나요?"

"덩치만 큰 10달란짜리보다 덩치는 작지만 50달란짜리가 더 가치 있는 법이지요."

이프 씨보다 키가 큰 것에 항상 자부심을 느꼈던 노그람 씨는 예상치 못한 이프 씨의 발언에 입을 굳게 다물었다. 더 이상 할 이야기가 없었기 때문이다. 노그람 씨는 학회 모임에 늦겠다는 핑계를 대고 그 자리를 떠났다. 그리고 곧 학회 모임이 시작되었다.

"이번 주 물리학회 모임에 참석해 주신 여러분, 반갑습니다."

학회장 운좋아 씨가 단상에 올라가 말했다. 운좋아 씨는 노그람 씨와 이프 씨만큼 많은 지식을 가지고 있지는 않았지만, 열심히 하려는 의지가 강했기 때문에 다른 회원들 모두 학회장에게 만족하고 있었다.

"이번 주 토론 주제는 라이트 물리학회의 이름에 걸맞은 '빛' 입니다. 우선 빛에 대해 간단히 설명을 하고, 회원 여러분의 의견을 들어보도록 하겠습니다."

나름대로 빛에 대해서 열심히 준비해 온 운좋아 씨는 회원들에게 자신이 준비한 자료를 나눠 주며 하나하나 설명해 나갔다.

"이런 건 내가 하면 정말 잘할 텐데!"

아직도 학회장 자리가 아쉬운 노그람 씨가 주먹으로 무릎을 살짝 치며 말했다. 하지만 운좋아 씨도 열심히 준비해 온 자료 덕분에 사람들의 박수를 받았다. 그 와중에 누군가 손을 들었다. 손을 든 주인공은 평소에도 질문이 많아 학회에서 눈여겨보고 있던 퀘스챤 회원이었다.

"퀘스챤 씨, 질문하세요."

"이건 항상 궁금했던 건데, 빛도 질량을 가지고 있나요?"

하지만 그 질문에 누구 하나 선뜻 대답을 하지 못했다.

"그… 그건……."

빛에 대해서 충분히 조사를 했던 학회장 운좋아 씨도 당황한 표정으로 말을 잇지 못했다. 그때 자신 있게 이프 씨가 손을 들고 일어섰다.

"그것에 관해선 제가 말씀드리지요. 빛은 질량이 있습니다."

자신 있게 손을 든 이프 씨에게 그 자리에 모인 모든 회원의 눈이 집중되었다. 평소에 다른 회원들도 궁금하게 여기고 있던 내용이라

모두 이프 씨의 말에 집중한 것은 당연했다.

"빛은 질량을 가지고 있습니다. 이 세상에 질량이 없는 것은 없습니다. 안 그렇습니까?"

이프 씨의 말에 고개를 끄덕이는 회원들이 곳곳에서 보였다. 하지만 여전히 고개를 갸우뚱거리는 사람들도 있었다. 그중 한 사람이 바로 노그람 씨였다.

"빛에 질량이 있다니요? 잡히지도 않는 빛에 질량이 있을 리가 있나요?"

항상 티격태격하는 두 사람이었기에 사람들은 대수롭지 않게 생각했지만, 이번에는 두 사람의 지식과 생각의 싸움이었다. 누구 하나 물러서지 않을 기세였다.

"존재하는 모든 것엔 질량이 있습니다. 빛도 존재하는 것이니까 당연히 질량이 있지요."

이프 씨는 계속해서 빛에 질량이 있다고 주장했다. 하지만 모든 사람들이 인정할 만한 과학적인 증거는 제시하지 못했다. 그때 노그람 씨가 그럴듯한 가설을 하나 내세웠다.

"상대성 이론은 모두 아시죠? 만약 빛에 질량이 있다면 상대성 이론에 의해 빛은 오면서 점점 무거워질 것입니다. 혹시 점점 무거워지는 빛의 무게를 느껴 보신 분 계십니까?"

빛의 무게를 느껴 본 사람이 있냐는 말에 회원들 모두 고개를 저었다. 그러자 한층 더 자신감을 얻은 노그람 씨는 목소리에 무게를 실어 말을 계속했다.

"만약 빛이 점점 무거워진다면 우린 결국 무거운 빛에 맞아 죽고 말 것입니다. 우리 몸은 무방비 상태로 빛을 받고 있으니까요. 그러나 우리는 이렇게 멀쩡하게 살아 있지 않습니까?"

회원들은 점점 노그람 씨의 말에 빠져들고 있었다.

"잘 생각해 보십시오. 빛이 질량을 가지고 있다고 가정한다면, 우리가 살기 위해서는 태초부터 빛 자체가 없어야 한다는 결과가 나옵니다. 빛이 질량을 가지고 있다면 우리는 빛에 맞아 죽는다고 앞에서 말씀드렸잖습니까?"

"빛이 질량을 가지고 있다고 해도 설마 그렇게까지 되겠습니까?"

가만히 듣고 있던 이프 씨가 더듬거리며 말했다. 그러나 회원들의 눈과 귀는 이미 노그람 씨의 말에 집중되어 있었다. 이를 눈치 챈 노그람 씨가 말을 이어 갔다.

"빛이 없다면 어떻게 될까요? 빛이 없으니 눈앞에는 항상 새까만 어둠뿐일 테고, 눈의 기능이 필요 없으니 눈은 점점 퇴화될 것이 뻔합니다. 눈 대신 냄새와 촉각에 의지하게 되겠지요. 마치 곤충들이 촉수로 더듬으며 생활하는 것처럼 말입니다."

"어머나!"

노그람 씨의 가설을 듣던 회원들이 얼굴을 찡그렸다. 사람이 어둠 속에서 촉수로 의사소통을 한다는 것이 생각만 해도 끔찍했기 때문이다. 회원들은 노그람 씨의 말을 이미 사실로 받아들이는 듯

했다.

"그러나 그것은 극단적인 예일 뿐입니다. 분명히 빛은 질량을 가지고 있습니다!"

이프 씨는 자신의 의견을 계속해서 피력했다. 다른 사람도 아니고 노그람 씨 때문에 자신의 의견이 무시당한다는 걸 용납할 수 없었기 때문이다. 시간이 지나도 서로 자신의 의견만 내세울 뿐 뚜렷한 답을 찾지 못하자 질문을 던졌던 퀘스챤 씨가 다시 손을 들었다.

"이러지 말고 물리법정에 이 문제를 맡겨 보도록 합시다!"

모임에 참석한 사람들은 이 언쟁이 언제 끝날지 알 수 없어 퀘스챤 씨의 말에 모두 동의했다. 결국 빛에 질량이 있느냐 없느냐 하는 문제를 가지고 물리법정을 찾게 되었다.

빛의 질량이 0이 아니라면 상대성 이론의
질량 증가의 법칙에 의해 빛은 무한대의 질량을 갖게
되고 우리는 존재할 수 없게 될 것입니다.

빛은 질량이 있을까요?
물리법정에서 알아봅시다.

재판을 시작하겠습니다. 먼저 물치 변호사, 의견 말씀해 주세요.

빛이라는 건 우리 눈에 보이잖습니까? 붉은 빛은 붉은색으로 보이고, 파란 빛은 파란색으로 보이고요.

물치 변호사, 그게 이번 재판과 무슨 관계가 있죠?

제가 하고 싶은 말은 눈에 보이는 모든 사물은 질량을 가진다는 것입니다. 아무리 작은 질량이라도 말입니다. 그러므로 빛도 빛 알갱이로 이루어져 있고, 빛 알갱이들은 아주 작은 질량을 가져야 하지요.

이해가 잘 되지 않는 논리군요. 그럼 이번에는 피즈 변호사, 의견 말씀해 주세요.

빛의 질량이 0이어야 하는 이유는 바로 상대성 이론의 질량 증가의 법칙 때문입니다.

피즈 변호사의 의견도 이해하기 어렵군요. 어째서 질량 증가의 법칙과 빛의 질량이 0이어야 한다는 게 관계있다는 것이죠?

질량 증가의 법칙을 정확하게 써 보죠. 조금 어렵긴 하지만 이번 재판을 위해 수식이 필요할 것 같군요. 정지해 있을 때의 질량을 M_0라고 하고 속도 v로 움직일 때의 질량을 M 이라고 하면 M 과 M_0와의 관계는 $M = \frac{M_0}{\sqrt{1-(v/c)^2}}$이 됩니다. 그런데 빛은 빛의 속도로 움직이므로 v=c가 되고, 분모의 루트 안에서 $1-(\frac{v}{c})^2$은 0이 되지요. 그러므로 만일 빛이 정지해 있을 때 아주 작은 질량이라도 갖게 되면 M_0는 0이 아니고, 0이 아닌 어떤 값을 0으로 나누면 무한대가 되므로 빛이 움직인 후에 질량은 무한대가 됩니다. 그럼 무한대의 질량을 가진 빛과 충돌하면 우리는 무한대의 충격을 받게 되므로 모두 부서지게 되죠. 그렇다면 이 우주에 어떤 물질도 존재하지 못하게 됩니다. 그러므로 빛은 애초부터 질량이 0인 알갱이들로 이루어져 있어서 더 이상 질량 증가가 이루어지지 않고, 움직여도 그 질량이 0이 되어야 하지요. 이것이 바로 빛의 질량이 0이 되어야 하는 이유입니다.

그렇군요. 조금 어렵게 느껴지긴 하지만, 어쨌든 명확한 설명 고맙습니다. 판결하도록 하겠습니다. 빛의 질량이 0이냐, 아니면 0이 아닌 어떤 값을 갖느냐 하는 문제에 대한 재판이었습니다. 만일 빛의 질량이 0이 아니라면 지금 이 자리에 우리는 존재할 수 없겠지요. 무한대의 질량을 가진 빛 때문에 말입니다. 하지만 우리는 지금 이 자리에 존재하고 있으므로 빛의 질량은 0이라는 결론을 내릴 수 있게 되었습니다. 여러분도 이해할 수 있기를 바랍니다. 이상으로 재판을 마치도록 하겠습니다.

재판이 끝난 후, 많은 사람들은 빛이 질량이 0인 알갱이들로 이루어져 있다는 사실을 알고 무척 놀랐다. 이로써 우리 눈에 보이는 물질 중에도 질량이 0인 물질이 존재한다는 사실이 알려지게 되었다.

빛은 파동이자 동시에 입자(알갱이)이다. 빛을 입자로 해석할 때 빛 입자 하나를 광자라고 한다. 광자는 진동수에 비례하는 에너지를 갖는데, 진동수가 클수록 광자의 에너지가 크다.

안드로메다에서 어떻게 와요

230만 광년 거리에서 지구까지 1시간 만에 올 수 있을까요?

아마추워 씨는 아마추어 과학자이다. 아마추워 씨는 자신의 개인 실험실에서 연구에 몰두하는 다른 전문 과학자와는 달리 자신의 방을 연구실로 꾸며 혼자 연구하는, 그야말로 아마추어 과학자이다. 그는 어떤 것에 한 번 빠지게 되면 좀처럼 다른 것은 거들떠 보지 않는 성격의 소유자였다. 이런 아마추워 씨가 오래전부터 과학에 빠져 있었는데, 요즘 들어 새롭게 빠져든 분야가 있었다.

“얘는~ 애들도 아닌데 왜 이런 걸 여기 두나 몰라.”

아마추워 씨의 어머니가 어질러진 연구실을 청소하며 말했다.

연구실 한쪽 빽빽하게 꽂힌 책들 앞에 조그마한 로봇 모형들이 줄지어 놓여 있었던 것이다. 그것은 바로 요즘 아마추워 씨가 새롭게 빠져 있는 견담의 프라모델이다.

"그게 어때서요? 견담이 얼마나 멋있는데……."

아마추워 씨가 자신의 연구 기록이 적힌 종이들을 정리하며 괜히 한소리 하시는 어머니의 말씀에 기어 들어가는 목소리로 대꾸했다. 아마추워 씨는 오랜만에 만난 친구 영화광 씨와 견담 시리즈를 한 편 보고 난 뒤 바로 견담 세계에 빠져 버린 것이다.

"우와! 정말 멋있다! 그런데 이게 뭐야?"

"견담이야. 대단하지? 곧 마지막 시리즈도 나온대."

"이런 게 있는 줄 몰랐어!"

그 이후로 영화광 씨는 아마추워 씨에게 견담에 대해 많은 이야기를 해 주었고, 아마추워 씨는 결국 영화광 씨보다 더 심한 견담광이 되었다. 물론 과학 연구도 열심히 했지만 틈나는 대로 견담 시리즈를 보고 프라모델도 모을 정도로 열정이 대단했다. 아마추워 씨에게 견담은 빽빽한 연구 일정 가운데서 오아시스나 다름없었다. 그렇게 견담에 대한 열정을 키워 갈쯤, 친구 영화광 씨에게서 전화가 한 통 걸려 왔다.

"드디어 견담 마지막 시리즈가 개봉됐어!"

"정말이야?"

"응, 오늘부터래! 우리 보러 가자!"

"당연하지! 견담 마지막 시리즈를 영화관에서 보게 되다니! 너무 기대되는걸."

아마추워 씨는 몰두하고 있던 과학 연구를 잠시 내팽개치고서 친구 영화광 씨와 함께 극장으로 향했다. 이미 극장은 견담 마지막 시리즈를 보기 위한 사람들로 인산인해를 이루고 있었다. 항상 집 안에서 연구만 하던 아마추워 씨는 이렇게 사람이 많이 모인 극장이 처음이라 어리둥절했다. 그러나 견담 마지막 시리즈를 볼 수 있다는 생각에 그는 입이 귀에 걸렸다.

"이제 시작하나 봐!"

극장 불이 꺼지자 영화광 씨와 아마추워 씨의 기대감이 배로 증가했다. 견담 마지막 시리즈는 이때까지의 스토리와는 달리 다른 행성에서 악의 무리가 나타난다는 줄거리였다. 시간이 지날수록 사람들은 견담에 빠져들었다.

"저 초록별에 견담이라는 막강한 상대가 있다고 들었어. 우리가 가만히 있을 수 없지!"

영화에서는 안드로메다 악의 무리 대장이 지구 침략을 꿈꾸고 있었다. 눈이 찢어지고 인상이 안 좋아 보이는 대장은 이미 온갖 나쁜 수법으로 다른 행성들을 모두 침략했다.

"저 지구쯤이야 식은 죽 먹기 아니겠어? 이 넓은 우주를 안드로메다가 지배할 날이 멀지 않았어! 당장 침략을 준비하자!"

대장이 소리치자 줄지어 서 있던 악의 무리들이 큰 소리로 대답했다. 그리고 침략 준비를 서둘렀다. 새로 개발한 로켓을 타고 지구로 쳐들어가려는 속셈이었던 것이다. 갑자기 안드로메다 행성 가운데가 열리면서 갖가지 색으로 칠해진 로켓이 나타났다. 로켓이 철컥 소리를 내며 이륙 준비를 마쳤다. 그러자 악의 무리들이 줄 맞춰 로켓 안으로 들어갔다.

"드디어 이 로켓을 타게 되는군! 자, 우리가 정복할 지구로 출발!"

대장이 이렇게 소리치자 조종사가 여러 단추를 눌렀다. 잠시 후 로켓은 큰 소리를 내며 이륙했고, 얼마 후 지구에 도착했다. 악의 무리가 지구 침략을 꿈꾸는 걸 그냥 두고 볼 견담이 아니었다.

"이상한 느낌이 드는데! 우리 지구에 새로운 침략자가 나타난 것 같아!"

부상을 치료하고 있던 견담은 자신의 원격 추적 장치를 이용해 악의 무리들이 어디 있는지 찾아냈다. 견담은 부상을 치료하다 말고 벌떡 일어나 악의 무리가 있는 곳으로 날아갔다. 드디어 견담과 악의 무리가 격투를 벌이기 시작했다. 합체를 하고 새로운 기술을 쓴 견담이 결국 악의 무리를 무찌르고 지구를 지키게 된다는 내용이었다.

"정말 재미있지? 아마추워야, 안 그래?"

영화를 보고 나온 영화광 씨가 아마추워 씨를 보며 물었다. 그러나 아마추워 씨의 표정은 그리 밝지 않았다. 그는 깊은 생각에 빠져 있는 듯했다.

"왜 그래?"

"아니, 영화가 조금 이상한 것 같아서."

"이상하다고?"

어느새 과학자의 진지한 얼굴로 바뀐 아마추워 씨가 영화에서 이상한 점을 발견한 것이다.

"응, 안드로메다에서 지구까지는 230만 광년이야. 즉 빛의 속력으로도 230만 년이나 걸리는 거리라고."

"그게 뭐 어쨌다고?"

"잘 생각해 봐. 적들이 저렇게 금방 지구로 날아올 수는 없어!"

"아, 생각해 보니 정말 그렇구나!"

아마추워 씨가 과학자답게 예리한 눈초리로 하나하나 따져 가며 말하자 영화광 씨도 고개를 끄덕였다.

"아니, 이렇게 많은 사람들이 보는 영화에 저런 비과학적인 내용을 검증도 거치지 않고 내보내다니. 견담 시리즈에 정말 실망했어!"

"그래, 이제 과학을 배우는 아이들도 많이 보는데……."

두 사람은 견담 시리즈가 내용은 재미있지만 지구를 침략하는 장면에서는 비과학적인 부분이 있었다며 아쉬워했다. 그들은 비록 견담을 좋아하지만 잘못된 것은 바로잡아야 한다는 생각으로 견담 시리즈 제작자를 물리법정에 고소하기로 했다.

"견담을 좋아하는 만큼 잘못된 장면이 있는 견담 시리즈는 용납할 수 없어!"

움직이는 물체의 경우 정지해 있는 물체에 비해
시간은 천천히 흐르고, 거리는 축소되고,
질량은 증가합니다.

안드로메다 은하 행성에서
지구까지 빛이 올 수 있을까요?
물리법정에서 알아봅시다.

 재판을 시작하겠습니다. 먼저 원고 측 변론하세요.

1광년이란 빛의 속도로 1년 동안 움직인 거리입니다. 그러므로 지구에서 안드로메다 은하까지의 거리인 230만 광년은 빛의 속도로 230만 년 걸리는 거리죠. 그러므로 악의 무리들이 이렇게 먼 거리를 날아온다면 그들의 나이가 230만 광년 이상 되어야 하잖아요? 그건 말도 안 되지요. 그렇죠, 판사님?

 글쎄요. 그럼 이번엔 피고 측 변론하세요.

 길이수축 연구소의 주러요 박사를 증인으로 요청합니다.

다른 사람보다 체격이 작은 30대 중반의 남자가 증인석으로 들어왔다.

 증인은 무슨 일을 하고 있죠?

 상대성 이론의 여러 효과에 대해 연구하고 있습니다.

 상대성 이론에 대해 설명해 주시겠습니까?

상대성 이론에는 특수 상대성 이론과 일반 상대성 이론이 있습니다. 물체의 속도가 빛의 속도에 가까워질 때는 뉴턴의 물리학이 아닌 새로운 물리학을 따르는데, 그게 바로 상대성 이론이지요. 물체가 등속도 운동을 할 때의 상대성 이론을 특수 상대성 이론이라 하고, 가속도 운동을 할 때의 상대성 이론을 일반 상대성 이론이라고 하지요. 그런데 특수 상대성 이론에 의하면 움직이는 물체의 경우 정지해 있는 물체에 비해 시간은 천천히 흐르고, 거리는 축소되고, 질량은 증가한다고 알려져 있습니다.

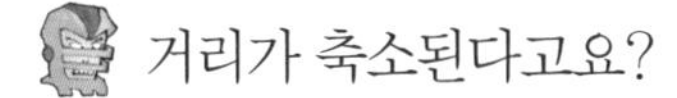
거리가 축소된다고요?

그렇습니다. 예를 들어, 빛의 속도의 60%로 로켓이 지나가면 길이는 80%로 줄어들고, 빛의 속도의 90%로 지나갈 때는 길이가 약 14%로 줄어들며, 빛의 속도의 99.9%로 지나갈 때는 약 4.5%로 줄어들지요. 그리고 물체의 속도가 빛의 속도에 가까워질수록 길이가 줄어드는 비율은 더 커집니다. 그러므로 빛의 속도에 가까워질 정도로 속도를 빠르게 내면 안드로메다에서 지구까지 1시간 만에도 올 수 있게 되지요.

그렇다면 영화 내용에는 전혀 문제가 없군요.

그럼, 판결을 내리도록 하겠습니다. 우리는 이번 재판을 통해 특수 상대성 이론과 일반 상대성 이론의 차이를 알 수 있었습니다. 증인의 증언을 통해 영화 견담 시리즈는 과학적으로 모

순이 없다고 판결합니다. 이상으로 재판을 마치겠습니다.

재판이 끝난 후, 영화 견담 시리즈는 더 많은 인기를 끌게 되었다. 그리고 안드로메다 악의 무리들이 쳐들어오는 장면에서 상대성 이론에 의해 길이가 축소되어 1시간 만에 지구까지 올 수 있다는 자막이 추가되었다.

안드로메다 은하는 태양계를 포함하는 우리 은하에서 가장 가까운 은하로, 우리 은하로부터의 거리는 230만 광년 정도이다. 안드로메다 은하는 우리 은하처럼 나선 팔을 가진 소용돌이 모양의 은하이다.

별빛이 만든 무지개

물방울이 존재하지 않는 우주에서 무지개를 볼 수 있을까요?

과학공화국에서는 토크쇼인 오프라 윙프리쇼가 가장 인기 좋은 방송 프로그램이다. 오프라 윙프리의 진심 어린 진행과 방청객들을 웃게 만드는 재치로, 초대되는 게스트마다 고정 게스트를 만들 정도였다. 그래서인지 많은 사람들이 오프라 윙프리쇼에 나가고 싶어 했고, 실제로 지금까지 많은 사람들이 오프라 윙프리쇼에 초대되었다. 영화제에서 수상한 배우부터 어려운 일을 겪은 이웃에 이르기까지 차별 없이 모두 초대되어 자신의 이야기를 소개했다. 그런데 이번에 오프라 윙프리쇼에 초대된 사람은 이때까지의 게스트와는 조금 달랐다.

"오늘도 오프라 윙프리쇼를 보기 위해 텔레비전 앞에 앉으신 여러 분, 눈 나빠지니까 텔레비전에서 조금 떨어지셔야 하겠지만……."

"하하하!"

"하지만 정말 대단한 분이 게스트로 나오셨으니, 오늘만큼은 가까이 다가앉으세요!"

오프라 윙프리는 방청객의 박수를 받으며 게스트를 소개했다.

"색다른 경험을 하고 오셨죠. 우주를 여행하고 막 돌아오신 얌스트롱 씨입니다!"

오늘의 게스트가 우주를 여행하고 온 얌스트롱이라는 말에 방청객들은 더욱더 힘껏 박수를 쳤다. 얌스트롱은 이번 우주여행을 성공적으로 마치고 돌아온 우주 비행사이다. 단 한 번의 고장이나 위기도 없이 얌스트롱은 남들이 보지 못한 우주를 구경하고 온 것이다.

"안녕하세요? 이렇게 나와 주셔서 감사합니다."

"아니, 이렇게 불러 주셔서 제가 감사하지요. 다음에 또 오프라 윙프리쇼에 나오려면 다시 우주여행을 하고 와야겠네요."

얌스트롱 씨는 건장한 체격에 젊은 나이, 그리고 오프라 윙프리에게도 지지 않을 정도의 유머감각까지 지니고 있었다. 얌스트롱 씨는 원래 샐러리맨이었지만, 우주비행사를 뽑는다는 말에 주저하지 않고 바로 지원했다. 그만큼 얌스트롱 씨의 가슴속에는 어릴 때부터 가지고 있었던 우주비행사의 꿈이 사라지지 않고 있었던 것이다.

"시청자들이 궁금해하는 것부터 물어봐야겠네요. 얌스트롱 씨가 우주에 타고 간 게 무엇이었죠?"

"아~ 로켓이었어요. 그런데 보통 로켓이 아니라 빛의 속도로 가는 로켓이었죠."

"빛의 속도요? 그럼 엄청 빠르겠네요!"

빛의 속도로 가는 로켓이라는 말에 오프라 윙프리와 방청객들은 벌어진 입을 다물 줄 몰랐다.

"정말 대단하네요! 그럼 이 노래가 이렇게 바뀌어야겠어요."

"무슨 노래요?"

"원숭이 엉덩이는 빨개~ 빨가면 사과~ 사과는 맛있어~ 맛있는 건 바나나~ 바나나는 길어~ 긴 것은 기차~ 기차는 빨라~ 빠르면 얌스트롱 씨가 타고 간 로켓~. 이렇게요!"

오프라 윙프리는 마치 어린아이처럼 손뼉을 치며 어렸을 때 누구나 한 번쯤은 불러 본 노래를 불렀다. 물론 마지막 가사는 자기 마음대로 바꾸어서 말이다.

"그렇게 노래 불리면 좋지요. 어느새 제가 아이들 사이에서 유명 인사가 되었다는 뜻이잖아요."

오프라 윙프리의 농담을 그냥 지나칠 얌스트롱이 아니었다. 그도 오프라 윙프리의 말을 받아쳤고, 결국 스튜디오에 있는 모든 사람들이 한바탕 크게 웃었다.

"빛의 속도로 움직이는 로켓을 타고 우주에 가면 너무 빨라 밖이 안 보이지 않나요?"

오프라 윙프리쇼의 가장 큰 장점은 오프라 윙프리가 하는 질문이 모든 시청자들이 궁금해하는 사항이라는 것이다. 그녀는 마치 시청자들의 마음을 꿰뚫고 있는 것처럼, 가려운 부분을 알아서 긁어 주듯이 필요한 질문만 했다.

"아니요, 저도 처음엔 그렇게 생각했어요. 하지만 가서 본 게 있어요."

"무엇을 보셨죠? 온통 암흑뿐일 것 같은데……."

"우주를 여행하다 보니 가는 방향의 뒤에는 언제나 별이 하나도 없고, 눈앞에는 무지개가 펼쳐져 있었어요."

"무지개요? 그게 정말이에요?"

얍스트롱 씨는 그때로 돌아간 듯 허공을 쳐다보며 말했다. 마치 로켓 안에서 밖을 바라보듯 황홀한 표정이었다.

"네, 분명히 보았어요. 무지개를요!"

그가 확신에 찬 목소리로 말하자 방청객들도 고개를 끄덕였다. 직접 보고 온 사람의 말을 믿는 것은 어쩌면 당연한 일이다. 그런데 그때 갑자기 전화 연결을 하자는 프로듀서의 신호가 왔다.

"아, 지금 얍스트롱 씨와 대화를 하고 싶어 하시는 분이 계시는 것 같네요. 그럼, 전화 연결하겠습니다."

갑작스러웠지만 오프라 윙프리는 전혀 동요하지 않고 얍스트롱 씨에게 전화 연결을 알렸다.

"안녕하세요? 저는 대기학회의 회장을 맡고 있는 오투라고 합니다."

"아~ 오투 씨, 반갑습니다."

"네, 저도 이렇게 통화할 수 있게 되어 영광입니다. 근데 아까 초대 손님께서 우주에서 무지개를 보셨다고 말씀하셨잖아요."

"네, 분명히 보았습니다."

"도대체 우주에 무슨 무지개가 있다는 건지 이해할 수 없군요. 우주에서는 무지개를 볼 수 없는데……."

"네? 제가 무지개를 이 두 눈으로 똑똑히 보고 왔는데요."

대화를 나누는 두 사람의 분위기가 심상치 않았다. 대기학회 회장인 오투 씨는 우주에서 무지개를 볼 수 없다고 하고, 얌스트롱 씨는 분명히 보았다며 자신의 의견을 굽히지 않았다. 어느새 얌스트롱 씨의 얼굴에서는 웃음이 사라졌다. 가만히 보고 있던 오프라 윙프리는 잘못하면 방송 사고가 날 것 같아 급하게 중재에 나섰다.

"아~ 그게 궁금해서 전화 주셨군요. 그런데 이렇게 듣고서는 누구의 말씀이 맞는지 잘 모르겠네요. 그래서 이렇게 하면 어떨까 하는데요?"

두 사람은 현명하기로 소문난 오프라 윙프리의 말을 조용히 듣고 있었다.

"작년에 게스트로 판사님이 나오신 적이 있는데, 그분의 이야기를 들어 보니 이런 일도 해결해 주신다고 하더군요. 우리 이 문제를 법정에 맡겨 보는 건 어떨까요? 어느 분의 말이 맞는지."

두 사람은 상대방이 더 이상 물러설 기미가 보이지 않자 오프라 윙프리의 제안에 동의했다. 자신의 의견이 옳다고 믿는 두 사람은 결국 '우주에서 무지개를 보았나' 하는 문제를 물리법정에서 해결하기로 했다.

별빛의 도플러 효과 때문에
우주에서도 무지개를 볼 수 있습니다.

우주에서 무지개를 볼 수 있을까요?

물리법정에서 알아봅시다.

지금부터 재판을 시작하도록 하겠습니다. 먼저 오투 측 변호사 변론하세요.

무지개는 비 온 뒤에 대기 중에 남은 물방울이 프리즘 역할을 하여 빛을 분산시키기 때문에 생기는 일곱 색깔 빛의 띠를 말합니다. 그런데 우주에는 물방울은 물론, 아무 물질도 없는데 어떻게 무지개가 생긴다는 건가요? 이건 말이 안 됩니다. 혹시 암스트롱 씨가 졸다가 꿈에서 무지개를 본 게 아닐까요?

글쎄요. 그럼 이번에는 암스트롱 측 변호사, 변론하세요.

네, 이 문제에 도움을 주실 스타보우 연구소의 이별무 박사를 증인으로 요청합니다.

원형 탈모 현상을 보이는 50대의 남자가 증인석에 앉았다.

증인이 연구하는 분야는 뭐죠?

우주조종사의 다큐멘터리를 제작하는 일을 하고 있습니다.

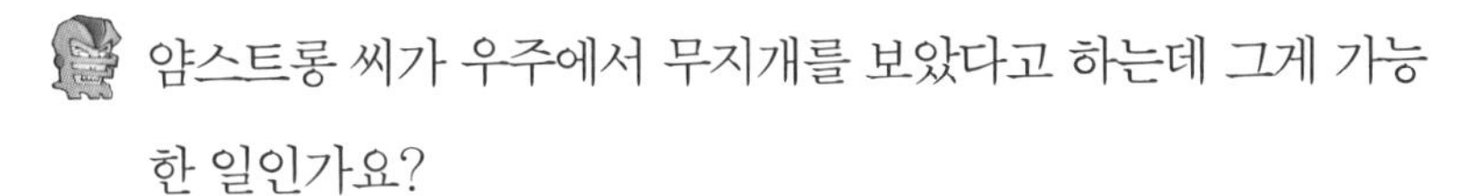
얌스트롱 씨가 우주에서 무지개를 보았다고 하는데 그게 가능한 일인가요?

물론입니다. 로켓이 빠른 속도를 내면 로켓 앞쪽의 별은 보이는 곳의 중앙에 모이고, 뒤에 보여야 할 별이 앞에 보이는 신기한 일이 벌어집니다.

그 이유가 뭡니까?

비 오는 날 자전거를 타고 점점 속도를 내면 비가 앞쪽으로 내리죠? 자전거의 속도가 빨라질수록 비는 더욱더 앞쪽으로 내리게 되지요. 빛의 경우도 이 원리와 마찬가지입니다. 빛의 속도는 매우 빠르지만 일정하기 때문에 뒤쪽 별에서 온 별빛이 앞에 보이게 되는 겁니다.

그런데 왜 무지개가 뜨는 거죠?

로켓이 빛의 속도에 거의 가까워지면 앞쪽 가운데 있는 별들은 푸르스름하게 빛나고 노란색, 오렌지색, 붉은색 별이 그 주위에 있어 동심원의 무지개가 만들어지는 것이지요.

어떻게 그런 현상이 일어나는 것이죠?

그것은 바로 별빛의 도플러 효과 때문입니다. 로켓의 정면에 있던 별빛은 로켓이 별에 가까이 가면서 파장이 짧아져 푸르스름하게 보이고, 로켓 뒤에 있던 별빛은 로켓으로부터 멀어지므로 파장이 길어져 불그스름하게 보이는 것이지요.

정말 우주에서도 무지개가 만들어지는군요.

증인의 설명대로라면 별빛의 도플러 효과와 상대성 이론 때문에 로켓 앞쪽에 별빛으로 인한 동심원의 무지개가 만들어집니다. 그러므로 우주에서 무지개를 보았다는 얌스트롱 씨의 주장은 거짓이 아니라고 말씀드릴 수 있겠군요. 이상으로 재판을 마치겠습니다.

재판이 끝난 후, 오투 씨는 얌스트롱 씨에게 자신의 과오를 인정하고 사과했다. 그리고 우주의 별이 만든 무지개는 스타보우라고 불리게 되었다.

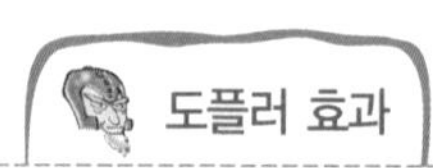

파동이 움직일 때 정지한 관측자에게 파동의 파장이 다르게 느껴지는 현상을 도플러 효과라고 한다. 파동이 관측자로부터 멀어지면 관측자에게 파장이 길게 측정되고, 반대로 가까워지면 파장이 짧게 측정된다.

질량보존의 법칙이 틀렸다고요?

상대성 이론에 따르면 화학반응 전후에도 질량이 보존 될까요?

유난히 과학자가 많은 과학공화국에서는 연구실을 마련하려면 꽤 많은 돈이 있어야 했다. 그래서 어느 정도 돈이 있는 베테랑 과학자들만 따로 연구실을 두었고, 나머지 아마추어 과학자들은 아쉬운 대로 자신의 집 안에 연구실을 만들었다. 그래서 10번가 발명 거리에 있는 센스빌라는 많은 과학자들이 자신의 연구실을 만들어 놓은 빌라로 유명했다. 거기엔 강파워 씨의 연구실도 있었다.

"오늘도 상대성학회에 낼 논문을 작성하려면 밤을 꼴딱 새워야겠군. 어디서도 이 강파워 님을 가만두지 않는다니까~. 아, 피곤

한 이 몸~.”

강파워 씨는 상대성학회에서 중요한 직책을 맡고 있었는데, 정확한 성격 탓에 일을 다음 날로 미루는 법이 없었다. 그날도 자신의 집이자 연구실에서 밤을 새우기 위해 커피를 타고 있었다. 그런데 옆집에서 큰 소리가 들려왔다.

“엥? 또 옆집에서 나는 소리야?”

강파워 씨는 커피를 타다 말고 소리 나는 옆집 쪽 벽에 귀를 갖다 댔다. 그때 또 큰 소리가 들렸다. 귀를 벽에 바짝 붙이고 있던 강파워 씨는 갑자기 들린 큰 소리에 깜짝 놀랐다.

“도대체 한두 번도 아니고! 언제까지 이렇게 시끄러운 소리를 들으며 살아야 하는 거야!”

정확한 성격에 한 번 걸리는 것은 꼭 짚고 넘어가야 하는 성격까지 가진 강파워 씨가 이 일을 곱게 넘어갈 리 없었다. 몇 번이나 참았지만 이번만큼은 참을 수 없어 옆집에 직접 찾아가기로 한 것이다. 이렇게 계속 시끄러운 상황에서는 오늘 마쳐야 할 논문을 다 완성하지 못할 것 같았기 때문이다. 강파워 씨는 옆집에 가서 노크를 했다.

“똑똑!”

그러나 노크 소리가 들리지 않는지 안에서는 여전히 큰 소리가 났다. 참을 수 없던 강파워 씨는 주먹으로 문을 두드려 큰 소리가 나도록 했다. 그제야 옆집 문이 열렸다.

"누구……세요?"

문을 연 사람은 왜소한 체격에 작은 눈을 가진 과학자 연약해 씨였다.

"저는 옆집 사는 사람인데요. 소음이 너무 심해서 작업을 할 수가 없네요!"

연약해 씨는 강파워 씨의 큰 목소리에 놀라 그를 가만히 쳐다보고만 있었다. 이런 그의 모습에 강파워 씨는 더욱 화가 났다.

"도대체 뭘 하시기에 이렇게 큰 소리가 나는 겁니까?"

결국 힘이 센 강파워 씨가 연약해 씨를 가볍게 밀치고 집 안으로 들어섰다. 집 안에서는 한창 화학 실험이 진행 중이었다.

"저는 방음이 안 되는 줄 몰랐어요."

"이렇게 집 안에 실험실을 두셨으면 큰 소리가 나는 실험은 하시면 안 되죠!"

"네."

마음도 약한 연약해 씨는 강파워 씨 뒤에서 조그만 목소리로 대답했다. 그렇게 약속을 받아 내고 돌아가려고 할 때 그만 탁자에 쌓여 있던 종이가 바닥에 흐트러지고 말았다.

"죄송해요. 제가 조금 산만해서……."

강파워 씨는 얼른 몸을 숙여 바닥에 떨어진 종이를 주웠다. 그러다가 떨어진 종이 중에 한 장이 눈에 띄어 유심히 읽어 보게 되었다. 그리고 약간 이상하다고 생각되어 연약해 씨를 쳐다보며 물었다.

"모든 반응에서 질량이 보존된다는 연구를 하신 건가요?"

"아, 네, 제 연구 자료들이에요."

연약해 씨는 쑥스럽다는 듯이 머리를 긁적이며 웃었다. 하지만 돌아온 강파워 씨의 대답은 연약해 씨의 마음을 더욱 연약하게 만들었다.

"이건 잘못된 것 같은데요."

"네?"

"제가 상대성학회에 있거든요. 모든 반응에서 질량이 보존된다는 법칙은 에너지의 보존에 위배되는 걸로 알고 있습니다."

"에너지의 보존에 위배요?"

"네, 연구를 잘못하신 것 같네요."

강파워 씨는 이렇게 말하고 나서 떨어진 나머지 종이들을 주워 모았다. 그는 탁자에 종이를 올려놓고 밀린 일을 하기 위해 얼른 자기 집으로 돌아갔다.

마음이 약한 연약해 씨는 자신의 연구가 잘못되었다는 강파워 씨에게 아무 대꾸도 하지 못하고 자신의 집을 나서는 그의 뒷모습을 바라보고만 있었다. 그리고 정말 자신의 연구가 잘못되었는지 생각에 빠졌다.

"정말 내 연구가 잘못된 건가?"

연약해 씨는 설마 하는 마음으로 자신의 연구 결과를 들고 과학공화국에 있는 화학학회를 찾아갔다. 화학학회의 회장인 걱정마 씨가 연약해 씨를 맞았다.

“제 연구 결과가 잘못되었는지 궁금해서 왔습니다. 저는 모든 반응에서 질량이 보존된다고 연구했는데, 상대성학회에서 그 법칙이 에너지의 보존에 위배된다고 해서요.”

“어디 한번 봅시다.”

화학학회 회장인 걱정마 씨는 연약해 씨가 가져온 연구 결과를 읽어 보았다. 그러더니 연약해 씨를 향해 다정하게 웃어 보였다.

“제 생각에는 연약해 씨의 연구가 맞는 것 같습니다. 상대성학회의 의견이 틀린 것 같네요.”

“정말 그렇습니까?”

혹시 자신의 연구가 잘못된 건 아닐까 많이 고민했던 연약해 씨는 안도의 한숨을 내쉬었다. 그리고 자신의 연구를 모욕한 강파워 씨를 떠올렸다.

“당연하지요. 화학자의 연구 결과를 화학학회에서 더 잘 알지요. 화학반응에 대해서 잘 모르는 상대성학회와는 비교할 수가 없죠.”

“그렇다면 다행입니다. 저는 제가 연구를 잘못한 건 아닐까 해서…….”

“그러고 보니 연약해 씨의 연구에 태클을 건 것은 상대성학회 측에서 우리 화학학회 쪽을 모욕한 것이군요. 그건 저도 참을 수가 없습니다!”

“참을 수가 없다고요?”

"네, 이런 일은 확실히 해 둬야 합니다. 우리 화학학회 쪽을 모욕한 상대성학회를 고소하겠습니다!"

"고, 고소요?"

남에게 해코지 한 번 해 본 적 없는 연약해 씨라 고소라는 말에 깜짝 놀랐지만, 그래도 자신의 연구 결과를 모욕한 강파워 씨와 상대성학회를 그냥 두고 볼 수는 없었다. 그래서 결국 연약해 씨는 그들을 물리법정에 고소하는 쪽으로 마음을 굳혔다.

상대성 이론에 의하면 화학반응에서는
질량은 보존되지 않고, 약간의 질량 감소에
해당되는 에너지가 발생합니다.

화학반응에서 나타나는 질량보존의 법칙은 틀렸나요?

물리법정에서 알아봅시다.

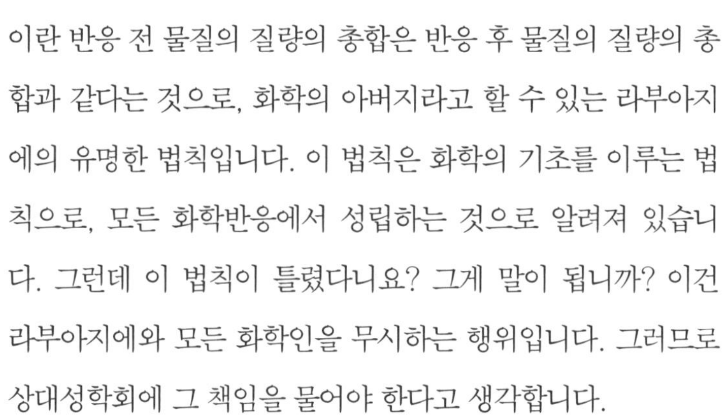

 재판을 시작하겠습니다. 먼저 원고 측 변론하세요.

 화학반응에서 나타나는 질량보존의 법칙이란 반응 전 물질의 질량의 총합은 반응 후 물질의 질량의 총합과 같다는 것으로, 화학의 아버지라고 할 수 있는 라부아지에의 유명한 법칙입니다. 이 법칙은 화학의 기초를 이루는 법칙으로, 모든 화학반응에서 성립하는 것으로 알려져 있습니다. 그런데 이 법칙이 틀렸다니요? 그게 말이 됩니까? 이건 라부아지에와 모든 화학인을 무시하는 행위입니다. 그러므로 상대성학회에 그 책임을 물어야 한다고 생각합니다.

 원고 측의 주장을 들어 보니 그런 것 같군요. 그럼 이번에는 피고 측의 의견을 들어 보도록 하겠습니다.

 아인스 연구소의 슈타인 박사를 증인으로 요청합니다.

흰 머리를 길게 늘어뜨린 50대의 남자가 증인석으로 들어왔다.

 질량보존의 법칙에 대해서는 알고 계시죠?

 물론입니다.

 그 법칙이 맞습니까?

 아닙니다. 틀린 법칙입니다.

 왜 그렇게 생각하시죠?

 예를 들어 탄소를 태우면 열이 납니다. 이것은 탄소와 공기 중의 산소가 결합하여 이산화탄소를 만드는 반응이지요. 이렇게 열이 발생하는 반응을 발열반응이라고 합니다. 여기서 열이란 에너지입니다. 그렇다면 이 반응에서 에너지가 나온 거죠?

 그렇지요.

 이 에너지는 바로 질량의 차이에서 나온 에너지입니다. 일반적으로 질량이 m인 물체가 가지는 에너지는 빛의 속도를 c라고 할 때 $E=mc^2$이 됩니다. 그런데 모든 화학반응에서는 질량이 감소합니다.

 얼마나 감소하죠?

 그 감소율은 0.00000001% 정도입니다. 즉 1톤의 석유가 타도 질량의 감소는 0.0001g 정도지요.

 정말 작군요.

 그래서 근사적으로는 질량보존의 법칙이 성립한다고 할 수 있지만, 정확하게는 성립하지 않는 것이지요. 이 질량 차이에 해당되는 $E=mc^2$의 에너지가 발생하는데 그것이 바로 반응에

서 나오는 열입니다. 즉 상대성 이론에 의하면 질량의 보존보다는 에너지의 보존이 더 근본적인 것이라고 볼 수 있지요.

그렇군요. 하지만 이렇게 작은 질량의 감소도 측정할 수 있나요?

사실상 곤란합니다. 하지만 이런 반응이 연쇄적으로 일어나는 원자폭탄에서는 그 질량 차이로 인해 어마어마한 에너지가 발생하지요.

그렇겠군요. 그렇다면 결과는 명확해졌네요. 그렇죠, 판사님?

네, 피고 측의 의견 잘 들었습니다. 인간이 측정할 수 있는 질량에는 최솟값이 있습니다. 물론 그 값보다 더 정확하게 측정할 수는 없지요. 하지만 그렇다고 해서 원자폭탄을 통해 발생한 에너지가 화학반응에서 질량의 감소에 의해 생긴 것임을 뒤엎을 수는 없습니다. 그러므로 모든 화학반응에서 질량이 보존된다는 라부아지에의 법칙은 근사적인 법칙으로 인정할 수밖에 없다는 것이 재판부의 결론입니다. 이상으로 재판을 마치겠습니다.

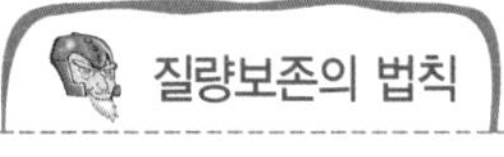

질량보존의 법칙

질량보존의 법칙은 프랑스의 화학자 라부아지에가 발견한 법칙이다. 화학반응에서 반응 전 물질의 질량의 총합은 반응 후 물질의 질량의 합과 같다는 법칙이다.

재판이 끝난 후, 대부분의 화학 교과서 질량보존의 법칙 부분에는 조그만 팁이 붙었다. 그것은 상대성 이론에 따르면 화학반응에서 질량이 보존되지 않고 약간의 질량 감소에 해당되는 에너지가 발생한다는 내용이었다.

과학성적 끌어올리기

상대성 원리

아인슈타인이 특수 상대론의 기초로 두었던 두 가지 원리는 상대성 원리와 빛의 속도가 일정하다는 원리이다. 우선 상대성 원리에 대해 얘기해 보자. 상대성 원리는 처음 갈릴레이에 의해 제기되었고, 아인슈타인은 이를 확대시켰는데 아인슈타인의 상대성 원리를 기술하면 다음과 같다.

일정한 속도로 움직이는 곳에서 물리법칙은 같다.

아인슈타인의 상대성 원리와 갈릴레이의 상대성 원리의 차이점은 갈릴레이가 물리법칙을 힘과 운동을 다루는 역학에 제한시킨 반면, 아인슈타인은 역학뿐 아니라 전기와 자기, 그리고 빛의 물리학까지 포함시켰다는 것이다.

또한 갈릴레이의 상대성 원리는 뉴턴의 물리학으로 넘어가면서 시간은 과거로부터 미래로만 흐른다고 생각했다. 하지만 아인슈타인은 시간이 미래로부터 과거로 이동할 수 있다는 것을 알아냈다. 즉, 아인슈타인은 상대성 원리를 통해 타임머신의 가능성을 보여 준 것이다.

과학성적 끌어올리기

빛의 속도가 일정하다는 원리

아인슈타인은 16살 때 '빛의 속도로 달리면서 빛을 보면 어떻게 될까?' 라는 의문을 가졌다. 뉴턴의 역학대로라면 시속 100km로 달리는 자동차를 시속 100km로 나란히 달리면서 보면 그 차는 정지해 있는 것처럼 보인다. 그럼 이 경우 빛도 정지해 있는 것처럼 보일까? 그러나 빛의 경우는 다르다. 즉 빛의 속도는 어떤 상황에서도 다르게 보이지 않는다는 것이다. 이것이 빛의 속도가 일정하다는 원리인데, 이로 인해 다음 장에서 얘기하는 많은 신기한 효과들이 생기게 된다.

아인슈타인이 상대성 원리와 더불어 특수 상대론의 기초로 삼았던 빛의 속도가 일정하다는 원리는 뉴턴 역학에서의 속도의 덧셈 규칙에 모순된다. 이 점이 뉴턴 역학을 일반화하는 새로운 운동법칙을 만들게 되는 중요한 가정이다.

예를 들어 시속 60km로 달리는 지하철 안에서 지하철이 움직이는 방향으로 시속 4km의 속도로 신문 파는 소년이 걸어간다고 하

자. 이때 지하철 안의 승객이 보는 이 소년의 속도는 시속 4km이지만 지하철 밖에 있는 관찰자가 관측하는 소년의 속도는 시속 64km가 된다. 물론 64=60+4에 의해 계산된 것이다. 이 결과를 우리는 뉴턴 역학의 속도 덧셈 규칙이라 부른다.

달리는 자동차에서 공을 던진다면 이때 정지해 있는 관찰자가 관측한 공의 속도는 자동차의 속도와 정지 상태에서 던진 공의 속도의 단순한 덧셈이다. 이런 식이라면 우리 같은 사람들도 박찬호처럼 빠른 공을 던질 수 있게 된다.

그러면 달리는 자동차의 헤드라이트에서 나온 빛의 속도를 정지해 있는 관찰자가 보면 어떻게 되겠는가? 뉴턴 역학대로라면 빛의 속도는 원래의 빛의 속도와 자동차의 속도의 합이 되어 원래의 빛의 속도보다 커야 한다. 그러나 어떠한 경우에도 빛의 속도가 변하는 경우는 보고되지 않았다.

1912년 네덜란드의 드지터는 쌍성으로부터의 빛의 속도를 조사했다. 쌍성이란 두 개의 별이 서로 끌어당기면서 질량이 작은 별이 질량이 큰 별 주위를 돌고 있는 것이다. 이때 쌍성이 지구로부터 멀어질 때와 가까워질 때의 빛의 속도를 관측했으나, 두 경우 빛의 속도는 쌍성의 운동 속도에 영향을 받지 않았다. 반대로 관찰자인 지구가 움직이기 때문에 순간순간 지구에서 관측하는 빛의 속도는 달라질 것처럼 보인다. 이것은 1979년 브릴르와 홀에 의해 관측되었는데, 빛의 속도에 차이가 없음이 확인되었다.

왜 빛의 속도가 일정하며 물체의 속도가 빛의 속도보다 빨라질 수 없는가에 대해서는 아무도 모른다. 단지 우리가 얘기할 수 있는 사실은 우리가 아는 범위에서 빛은 뉴턴 역학의 속도 덧셈 규칙을 따르지 않으며, 어떤 상황에서도 항상 일정한 속도를 유지하는 우주에서 가장 빠른 속도라는 것이다.

아인슈타인은 자연이 그렇게 설계되어 있다면 그 상황을 그대로 받아들이기로 했다. 즉, 빛의 속도가 일정하다는 사실을 증명할 수는 없지만 하나의 원리로 받아들이기로 한 것이다. 이것이 그 유명한 빛의 속도가 일정하다는 원리이다.

같은 시각의 상대성

뉴턴 역학은 시간과 공간의 기준으로 절대 시간과 절대 정지 관성계의 존재를 인정하지만, 특수 상대론에서는 시간과 공간의 기준이 없고 모든 관성계는 동등한 자격을 갖는다. 그렇다면 특수 상대론에서 시간과 공간을 측정하기 위한 척도를 정해야 한다. 우선 '같은 시각'에 대해 생각해 보자.

[그림 1]

[그림 1]처럼 두 사람이 기차의 중앙에서 서로 반대 방향으로 같

은 거리만큼 떨어져 있는 표적을 향해 활을 쏘았다. 활을 쏜 순간 이 기차가 등속도로 오른쪽으로 움직이고 있을 때 기차 안에 있는 관찰자가 보는 장면과 기차 밖에 정지해 있는 관찰자가 보는 장면에 차이가 있을까? 기차 안에 있는 관찰자는 기차와 함께 움직이고 있으므로 자신이 정지해 있다고 느낄 것이다. 그러나 기차 밖에 있는 관찰자에게는 기차가 오른쪽으로 움직였으므로 오른쪽으로 활을 쏜 사람에게 표적까지의 거리가 길어졌음을 느낄 수 있을 것이다. 그러면 오른쪽 화살이 더 늦게 도착했겠는가? 그렇지는 않다. 뉴턴 역학의 속도 덧셈 규칙에 의해 기차 밖의 관찰자가 잰 오른쪽으로 날아간 화살의 속도는 정지해 있을 때의 화살의 속도와 기차의 속도의 합이 되어 거리가 멀어진 만큼 속도도 빨라져 두 화살이 같은 순간에 표적에 꽂히게 될 것이다. 이것을 '같은 시각의 절대성' 이라고 한다.

그런데 만일 화살의 속도가 기차의 속도와 관계없이 항상 일정하다면 어떻게 되겠는가? 그야 물론 기차 밖의 관찰자에게는 왼쪽으로 쏜 화살이 먼저 꽂히고 오른쪽으로 쏜 화살이 나중에 꽂히게 된다. 우리는 앞에서 아인슈타인의 빛의 속도가 일정하다는 원리를 배웠다. 이 기차에서 활 대신 빛을 쏜다면 그 빛은 틀림없이 뒤에 먼저 도달하고 나중에 앞에 도달하게 된다. 이것은 물론 빛의 속도가 어떤 상황에서도 일정하기 때문에 일어나는 현상인데 이를 '같은 시각의 상대성' 이라고 한다.

시간의 늦음

빛의 속도가 일정하다는 사실은 뉴턴 역학에서는 전혀 생각지도 못했던 결과를 가져다주었다. 빛의 속도가 일정하기 때문에 일어나는 대표적인 예로 움직이는 관찰자의 시계가 느리게 가는 현상이 있는데 이것을 시간의 늦음이라고 한다.

일정한 속도 V로 달리는 로켓 안에서 옆의 그림처럼 아래쪽 거울로부터 출발한 빛이 위의 거울에 도착해 다시 아래쪽 거울에 도착할 때까지 걸린 시간을 로켓 안에 있는 창원이가 잰다고 생각하자.

과학성적 끌어올리기

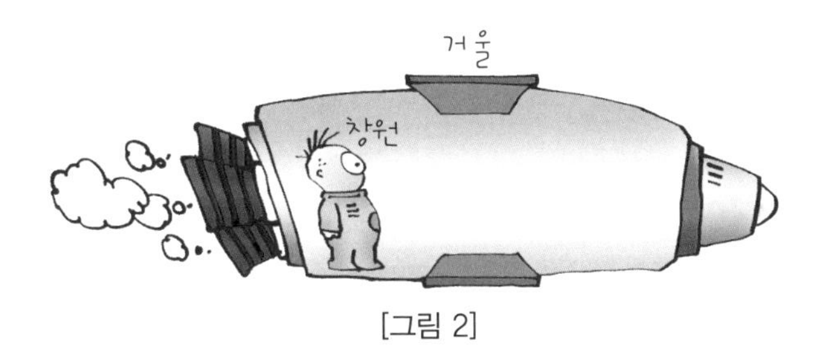

[그림 2]

여기서 위아래 거울 사이의 길이를 L이라 하자. 이때 창원이는 로켓이 등속도로 움직이는 관성계이므로 빛이 위로 똑바로 올라갔다가 똑바로 내려오는 모습을 보게 될 것이다. 이것은 정지해 있는 곳에서의 실험과 완전히 같은 모습이 된다. 위아래 거울 사이의 길이가 L이므로 빛이 움직인 거리는 2L이다. 빛의 속도는 c로서 일정하므로 창원이가 잰 시간 $T_{창원}$은 다음과 같이 주어진다.

$$T_{창원} = \frac{2L}{c}$$

그러나 로켓 안에서 일어난 일을 로켓 밖의 미나가 보면 아래 그림과 같이 빛이 비스듬히 올라갔다가 다시 비스듬히 내려오는 것으로 보일 것이다.

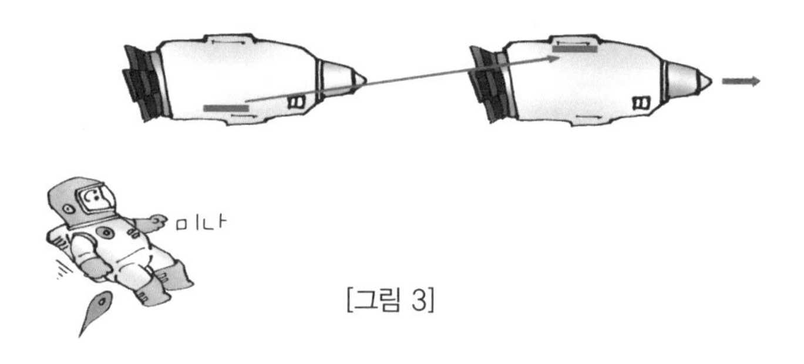

[그림 3]

만일 뉴턴 역학에 의해 빛이 되돌아오는 데 걸린 시간이 두 경우 같다고 하자. 그런데 [그림 2]의 경우 빛이 이동한 거리는 2L이지만 [그림 3]의 경우 빛이 이동한 거리는 2H 이다. [그림 3]에서 볼 수 있듯이 H 가 L 보다 길다. 만일 빛의 속도가 일정하고 뉴턴 역학이 옳다면 미나가 잰 시간 $T_{미나}$와 창원이가 잰 시간 $T_{창원}$은 같아야 한다. 미나가 잰 시간은

$$T_{미나} = \frac{2H}{c}$$

이므로 두 시간이 같아지려면 L = H 가 되어 모순이 생긴다.

아인슈타인은 이 모순을 해결하기 위해 미나의 시계와 창원이의 시계가 다르게 흐른다고 주장했다. 그러면 누구의 시계가 더 느리게 가야 하는가? H 가 L 보다 크므로 $T_{미나}$가 $T_{창원}$보다 커야 한다.

예를 들어 $T_{미나}$가 한 시간이고 $T_{창원}$이 1분이라 하자. 이때 로켓 안에 탄 창원이가 1분이라 생각하는 시간이 로켓 밖의 미나의 시계로는 1시간에 대응된다. 만일 창원이가 로켓을 타고 자기의 시계로 10시간 동안 여행을 했다면 미나의 시계로는 600시간이 흐른 셈이다. 따라서 창원이가 경험하는 시간이 미나가 관측하는 시간보다 더 느리게 진행한다.

극단적인 예로, 만일 어떤 사람이 빛의 속도로 움직일 수 있다면 그때 V=c이므로 우변의 분모가 0이 된다. 따라서 정지해 있는 사람의 무한한 시간이 이 속도로 움직이는 사람에게는 거의 흐르지 않는 것으로 여겨질 것이다. 따라서 우리가 빛의 속도로 움직일 수 있는 로켓을 타고 일정한 속도로 여행을 한다면 우리의 시간은 정지하고, 그 사이에 지구는 무한한 시간이 흐르게 될 것이다. 즉 진시황제가 찾고자 했던 불로초는 바로 빛의 속도로 움직이는 로켓이라고 볼 수 있다.

아까 이 사람이 기차 안에서 자기의 시계로 1초가 걸린 여행을 마치고 기차에서 내린다면 그 사람은 자신의 하루 미래의 세상을 만나게 된다. 따라서 이 경우에는 기차가 미래로 시간 여행을 가게 하는 타임머신이다. 특수 상대성 원리에서 시간 지연의 공식은 바꿔 말하면 미래로의 시간 여행에 대한 공식이다. 먼 미래로 가느냐, 가까운 미래로 가느냐 하는 것은 기차의 속도에 의해 결정된다. 기차가 아주 빠르면 먼 미래로 가고 그다지 빠르지 않으면 가까운 미래로 간다.

결론적으로 특수 상대성 이론에서는 관측자의 운동 상태에 따라 시간의 진행 방식이 달라진다. 즉 '달리고 있는 사람의 시계는 느리게 간다'는 것이다. 그러면 우리는 왜 시간의 느림을 느끼지 못하는가?

예를 들어 시속 1000km로 달리는 비행기를 탔다고 하자. 우리에게는 이 비행기가 굉장히 빠른 것으로 여겨지지만 초속 30만km라는 빛의 속도에 비하면 이 속도는 빛의 속도의 100만분의 1로 아주 느린 속도이다. 이때의 시간의 늦음은 1초당 1조 분의 1초 정도밖에 되지 않는다. 이 비행기로 3만 년 동안 달려도 시간의 늦음은 겨우 1초에 불과하다. 따라서 일상생활에서 시간의 늦음은 피부로 느끼지 못한다는 것이다.

시간의 늦음과 관련된 다른 상황을 생각해 보자. 상대성 원리가 적용되는 가상의 세계에서 기차 안의 선반에 놓여 있던 가방이 떨어져 앉아 있는 사람 머리에 맞았다고 할 때, 이것을 기차 밖에서 보면 어떻게 될까. 기차에 탄 사람이 보면 우리가 흔히 지하철에서 경험하는 것처럼 가방은 매우 빠르게 자유 낙하하여 앉아 있는 사람의 머리에 부딪힌다. 그러나 특수 상대성 이론이 적용되는 경우 움직이는 기차 안의 시간은 기차 밖의 정지 관찰자의 시계로 잴 때 느리게 간다. 따라서 밖에 있는 사람은 슬로비디오처럼 가방이 천천히 떨어지는 모습을 보게 될 것이다.

시간의 늦음의 예

시간의 늦음에 대한 두 가지 예를 들어보자. 우주에서 날아오는 높은 에너지를 가진 방사선을 우주선이라 부르는데 그 대부분은 양성자이다. 우주선이 대기에 들어오면 공기와 충돌해서 작은 소립자들을 만들어 내는데 그중 하나가 뮤온이라는 소립자이다. 물론 이 때 만들어진 뮤온도 높은 에너지를 가지게 되므로 거의 빛의 속도에 가까운 속도를 갖게 된다. 뮤온은 매초 제곱센티미터당 100개 정도 지표에 충돌하는데 지상에서 뮤온의 수명을 측정하면 100만분의 2초 정도이다. 그렇다면 뮤온이 빛의 속도로 움직여도 뮤온이 움직일 수 있는 거리는

거리 = (빛의 속도) × (뮤온의 수명)
= (30만 킬로미터/초) × (100만분의 2초)
= 600미터

가 된다. 대기권의 거리가 수백 킬로미터이므로 우주선 속의 뮤온이 대기권에 들어오면 곧 붕괴하여 사라져 버리고, 지표 근처에서는 뮤온을 발견할 수 없어야 한다. 그럼에도 불구하고 지표 근처에서 매초 제곱센티미터당 100개 정도의 뮤온을 관측할 수 있는 이유는 뮤온이 거의 빛의 속도로 날아오기 때문에 뮤온의 시간이 느리게 진행되어 수명이 길어지기 때문이다.

시간 지연의 두 번째 예는 파이온이라는 중간자를 저장하는 스트레인지링이다. 보통 암 치료에 파이온을 쪼이는 방법이 시도되고

있다. 그런데 파이온의 수명은 정지 상태에서 1억분의 1초라는 짧은 시간이다. 이때 파이온을 오래 살게 하는 방법으로 스트레인지 링이라는 파이온 저장고를 설계했다. 초전도 자석을 사용하여 파이온을 거의 빛의 속도로 원운동 시키면 파이온의 시계가 느리게 가므로 수명이 1~2개월로 늘어난다.

과학자들은 아인슈타인의 시간 지연 효과를 빠른 제트기를 이용해 실험하기 위해 시속 600마일로 달리는 제트기 속의 시계와 지상의 시계를 비교했다. 이때 원자 시계를 사용하여 시간을 100만분의 1초까지 정확하게 잴 수 있었다. 그때 지구가 도는 방향으로 두 바퀴 돈 후 비행기 안의 시계는 지상의 시계보다 59나노초 늦어졌다.1나노초는 10억분의 1초이다

길이 수축

고대시대부터 상대성 원리가 등장하기 전까지는 어떤 상황에서도 물체의 길이가 변하지 않는 것으로 여겨져 왔다. 지금 우리는 길

과학성적 끌어올리기

이의 단위로 미터, 센티미터, 킬로미터를 쓰지만 조선시대까지는 길이의 단위로 '자' 또는 '리' 같은 단위를 상용했다. 지금도 미국 사람들은 미터 계통의 단위보다는 피트, 야드, 마일 같은 미국식 단위계를 주로 사용한다.

고대 이집트에서는 길이의 단위로 큐비드라는 단위를 상용했다. 1큐비드는 왕의 손가락 끝에서 팔꿈치까지의 길이인데, 이 단위는 왕이 바뀔 때마다 달라지는 불편함이 있었다.

영국과 미국에서 주로 사용하는 피트feet라는 단위는 보통 사람의 발걸음의 너비를 기준한 길이이다. 고대 중국에서는 황종조라는 피리의 길이를 길이의 단위로 사용했다.

나폴레옹 시대 때 북극과 적도를 잇는 자오선 길이의 1000만분의 1을 미터라고 정의하여 지금까지 국제적인 길이의 표준 단위로 삼고 있다. 현재는 붉은색을 내는 크립톤 86 레이저 파장의 1650763.73배를 1미터로 정의한다.

과학성적 끌어올리기

움직이는 관찰자와 정지 관찰자의 시간이 다르게 흐른다는 것은 움직이는 관찰자가 측정하는 길이와 정지 관찰자가 측정하는 길이가 달라진다는 것을 의미한다. 예를 들어 등속도로 운동하고 있는 막대의 길이를 재는 방법에는 두 가지가 있을 수 있다. 하나는 막대와 함께 움직이고 있는 자로 재는 방법인데, 이 경우에는 자가 막대와 함께 움직이고 있기 때문에 막대가 움직인다는 것을 자는 느끼지 못한다. 따라서 이 경우 자가 잰 길이는 정지해 있을 때의 막대의 길이를 잰 셈이 된다. 이 길이를 자의 고유의 길이라고 한다. 다른 하나는 정지해 있는 자로 움직이고 있는 막대를 재는 방법인데, 이 경우 자는 막대가 움직이고 있다는 것을 느끼므로 움직이는 물체의 길이를 잰 셈이 된다.

특수 상대성 이론에 따르면 정지해 있는 사람이 잰 막대의 길이는 고유의 길이보다 짧아진다. 즉 움직이고 있는 물체의 길이는 수축해 보인다는 것이다. 반대로 내가 움직이면서 세상을 보면 역시 공간이 수축해 보인다. 이제 어느 정도로 길이가 수축되는가, 또 길이 수축이 시간 지연과 어떤 관계가 있는지 알아보자.

지구에서 가장 가까운 은하인 안드로메다 은하까지의 거리는

230만 광년이다. 광년이란 빛의 속도로 1년 동안 간 거리이다. 그렇다면 우리가 설사 빛의 속도로 달리는 로켓을 만들었다 해도 안드로메다까지 가는 데 230만 년이 걸리므로 안드로메다까지의 우주여행은 불가능한 것 아닌가?

속도 v인 로켓을 타고 우주여행을 하는 경우를 생각해 보자. 지구를 떠나 우주의 어느 한 별까지 일정한 속도 v로 날아간다고 하고, 지구의 관측자가 잰 지구에서 그 별까지의 거리를 l_0라고 하자. 로켓을 타고 지구에서 별까지 걸린 시간은 지구 관찰자와 로켓 관찰자에 따라 다르다. 지구에 있는 관찰자가 잰 시간을 t라 하고, 로켓을 타고 가는 관찰자가 잰 시간을 t_0라고 하자. 이때 지구의 관찰자가 잰 지구와 별 사이의 거리 l_0는

$$l_0 = vt$$

이다. 지구에 있는 관찰자가 잰 시간과 로켓을 타고 가는 관찰자가 잰 시간 사이는 시간 지연 공식에 의해 다르다. 로켓을 타고 가는 관찰자가 잰 지구와 별 사이의 거리가 똑같이 l_0라고 하면

$$l_0 = vt_0$$

이므로 $t = t_0$가 되어 모순이 생긴다. 물론 이 결과는 뉴턴 역학에서

처럼 시간이 달라지지 않으면 모순되지 않지만 특수 상대성 원리에서는 시간이 달라지기 때문에 모순이 일어난다. 따라서 로켓 관찰자가 잰 지구와 별 사이의 거리는 달라져야 한다. 그 거리를 l 이라 하면

$$l = vt_0$$

이다. 그런데 움직이는 관찰자가 잰 시간은 정지한 관찰자의 시간보다 천천히 가므로 t_0가 t보다 작다. 그러므로 l이 l_0보다 작아지는 길이 수축이 일어난다.

즉, 로켓을 타고 가는 관찰자가 잰 지구와 별 사이의 거리가 더 짧다. 이를테면 빛의 속도의 60%로 로켓이 지나가면 길이는 80%로 줄어들고, 빛의 속도의 90%일 때는 길이가 약 14%로 줄어든다. 또한 빛의 속도의 99.9%일 때는 길이가 약 4.5%로 줄어든다. 속도가 빛의 속도에 가까워지면 가까워질수록 길이가 줄어드는 비율은 더 커진다.

그러나 길이 수축이 느껴지기 위해서는 빛의 속도에 가까운 매우 빠른 속도를 필요로 한다. 현재 가장 빠른 우주선은 파이어니어 11호이고, 그 속도는 초속 600km 정도로서 빛의 속도의 0.2%에 불과하다. 이 정도의 속도로는 파이어니어에 타고 있는 조종사가 길

이 수축을 느낄 수 없을 것이다. 길이 수축은 물체의 운동 방향에 대해서만 적용되고 수직 방향으로는 적용되지 않는다.

이제 우리는 로켓의 속도가 빛의 속도에 가까워지면 로켓에 탄 사람에게 공간이 수축된다는 사실을 알게 되었다. 이것이 바로 우리가 우주여행을 할 수 있는 이유가 되는 것이다. 상대성 원리의 길이 수축 효과를 생각하면 수백만 광년 거리의 은하에 10년 만에 갈 수 있다.

지구상의 중력 가속도와 같은 가속도로 가속을 계속하는 로켓이 있다고 생각하자. 그 로켓은 속도를 점점 올려 1년 후에는 빛의 속도의 77.4818%, 5년 후에는 빛의 속도의 99.99342479%의 속도가 된다. 빛의 속도에 가까워질수록 시간의 늦어짐은 더욱 현저해진다.

이러한 로켓을 타고 지구를 출발하여 우주여행을 한다면 어떻게 될까? 이 로켓을 타고 가면 410광년 떨어진 플레이아데스 성단까지는 약 6년 반, 16만 광년 거리의 대마젤란 성운까지는 12년 반, 230만 광년 거리의 안드로메다 은하까지는 약 15년이 걸린다. 따라서 뉴턴 역학으로는 한 사람의 일생 동안 여행할 수 없어 보이던 우주여행이 실현 가능해지는 것이다.

질량의 증가

특수 상대성 이론에서 우리는 시간과 길이가 운동하는 물체에 따라 달라진다는 것을 공부했다. 뉴턴 역학에서는 변한다는 것을 전혀 생각할 수 없던 시간과 길이가 달라졌다. 마찬가지로 특수 상대성 이론에서는 운동하는 물체의 질량도 달라지는데 움직이는 물체의 질량은 점점 무거워진다. 예를 들어 몸무게가 60kg인 사람이 빛의 속도의 60%로 달리면 달릴 때의 몸무게는 75kg이 되고, 빛의 속도의 90%로 달리면 약 138kg으로, 빛의 속도의 99.9%로 달리면 약 342kg으로 몸무게가 늘어난다. 따라서 만일 상대성 원리가 적용된다면 뚱뚱한 사람이 살을 빼기 위해 조깅을 하는 일은 삼가야 할 것이다. 물론 사람이 달리는 속도는 빛의 속도에 비한다면 거의 0에 가까운 속도이므로 상대성 원리는 적용되지 않는다.

과학성적 끌어올리기

가령 빛의 속도로 달린다면 질량은 무한대가 된다. 이것이 상대론에 의해 빛이 질량을 가지지 못하는 이유이기도 하다. 빛이 아무리 가벼워도 0이 아닌 질량을 갖고 있다면 빛은 빛의 속도로 운동하므로 우리에게 도달되는 빛의 질량은 무한대가 된다. 무한대의 질량을 가진 빛과 우리가 충돌한다면 엄청난 충격량 때문에 우리는 살아남을 수 없게 될 것이다. 그런데 우리는 여전히 햇빛을 충분히 받으며 살아가지 않는가? 그것은 빛의 질량이 처음부터 0이라 운동 중에도 질량은 계속 0을 유지하기 때문이다.

운동 중에 질량이 증가한다는 사실은 1908년 독일의 부헤러가 매우 빠른 속도로 가속된 전자의 운동에 대해 확인하였다. 질량의 증가를 응용한 대표적인 장치는 소립자를 매우 빠른 속도로 가속시키는 입자가속기이다. 이렇게 빠른 속도에 도달한 소립자를 정지해 있는 다른 소립자와 충돌시킴으로써 소립자의 세계를 탐구하게 된다. 입자가속기에서 양성자를 빛의 속도의 99.7%로 가속시키면 양성자의 질량은 13배로 증가한다.

과학성적 끌어올리기

질량과 에너지

질량의 증가라는 상대성 이론의 결론은 더욱 놀라운 발견으로 발전했다. 1905년 9월 아인슈타인은 〈물체의 질량은 에너지에 의존하는가?〉라는 세 쪽짜리 논문에서 물질은 곧 에너지이고 질량은 에너지의 척도라고 주장하였다. 어떤 물체에서 빛이 나오는 경우 그 물체의 질량은 감소한다. 그런데 빛은 질량이 없지 않은가? 물론 에너지는 가지고 있지만, 이 사실로부터 그는 질량과 에너지가 같고 이들 사이에는 $E=mc^2$의 관계가 있음을 알아냈다. 여기서 E는 에너지를 의미하고 m은 운동하는 물체의 질량을 의미한다. 따라서 물체가 빛의 속도에 가까운 속도로 운동하면 물체의 질량 m이 점점 커지므로 큰 에너지가 발생한다. 이 결과는 핵분열이나 핵융합에서 나오는 엄청난 에너지를 설명해 주는 열쇠가 된다. 우리가 흔히 접하는 원자력 발전이나 원자폭탄은 핵분열 때에 발생하는 상대론적인 에너지를 이용한 것이고, 태양에너지의 근원은 수소의 핵융합과 관련된 것이다.

그렇다면 어떤 반응에서 질량이 에너지로 변환되는 과정을 볼 수

과학성적 끌어올리기

있을까. 화학책에는 화학반응에서 질량은 보존된다고 나와 있다. 그렇다면 새로운 에너지가 질량 차이로부터 생길 수 없다는 얘기 아닌가. 그러나 그렇지 않다. 모든 화학반응에서는 질량이 감소한다. 그러나 그 감소율은 0.0000001% 정도이다. 1톤의 석유가 타도 질량의 감소는 0.0001g 정도이고, 이렇게 작은 질량의 감소가 상대론적 에너지로 변한 양을 관측하는 것은 매우 어려운 일이다.

그러나 아인슈타인의 질량-에너지 관계는 1938년 독일 물리학자 한과 스트라스만의 실험에 의해 가능성이 시사되었다. 한과 스트라스만은 천연에 0.7%밖에 존재하지 않는 우라늄 235를 느린 중성자로 때리면 우라늄 핵이 바륨 핵과 크립톤 핵으로 분열되고, 이때 다시 두세 개의 중성자가 튀어나와 이러한 과정을 연쇄적으로 일으킨다는 사실을 알아냈다. 이것을 핵분열이라고 한다.

이때 우라늄 핵을 구성하기 위한 결합 에너지와 바륨 핵, 크립톤 핵을 구성하기 위한 에너지에 차이가 생기며, 이 차이만큼 핵분열 후 질량은 감소한다는 사실이 알려졌다. 이 감소된 질량에 대응되는 상대론적 에너지가 나타나는데 이것이 유명한 원자폭탄 에너지가 되는 것이다.

우라늄 1kg이 핵분열을 하면 그 질량은 0.9g 감소한다. 즉 0.09%의 질량 감소가 일어난 셈이다. 우리는 이 정도의 질량 감소가 뭐 그리 대단하냐고 반문할 수도 있다. 예를 들어 0.9g의 우라늄의 질량 감소가 발생하는 상대론적 에너지는 석탄 300만 톤을 동시에 태웠을 때 발생하는 에너지가 된다.

이 정도면 우라늄 1kg의 핵분열이 얼마나 큰 에너지를 발생시키는가를 알 수 있을 것이다. 이 가공할 만한 에너지를 무기화시킨 것이 바로 그 유명한 원자폭탄이다.

핵융합

핵융합은 핵분열의 반대이다. 높은 온도와 높은 압력에서 양성자 두 개가 융합한다. 이중 하나의 양성자는 중성자로 바뀌는 베타붕괴를 하게 되어 양성자와 중성자로 형성된 중수소 핵을 만든다. 이때 베타붕괴에 의한 베타선이 방출된다.

양성자 두 개와 중성자 한 개로 구성된 헬륨3이 만들어진다. 우리가 흔히 보는 헬륨은 헬륨4로서 양성자 두 개와 중성자 두 개로 구성되어 있다. 헬륨3 두 개가 융합하여 헬륨4가 만들어지고 두 개의 양성자가 방출된다. 이 과정에서 질량이 0.7% 감소하며 그 질량 차이에 해당하는 아인슈타인 에너지가 방출된다. 뒤에 가서 더 자세히 얘기하겠지만 이 에너지가 별의 빛과 열을 주는 에너지이다.

이번에는 태양에너지를 살펴보자. 태양의 중심부에서는 수소가 헬륨으로 바뀌는 핵융합 반응이 일어나고 있다. 이 반응에서 질량이 감소하고 줄어든 질량이 에너지로 바뀌게 된다. 이 반응으로 1g의 수소는 1억 5천만kcal라는 엄청난 에너지를 발생한다. 이 핵융합 반응에 의해 태양의 중심부는 약 1500만 도나 되는 고온을 유지하는 것이다. 그런데 원자핵이 분열해도, 융합해도 에너지가 방출된다는 것은 좀 이상하다는 생각이 든다. 원소 중에서 가장 안정된 핵을 가진 원소는 철이다. 철보다 가벼운 원자의 핵은 융합할 때 에너지를 방출하고, 철보다 무거운 원자의 경우는 분열할 때 에너지를 방출한다.

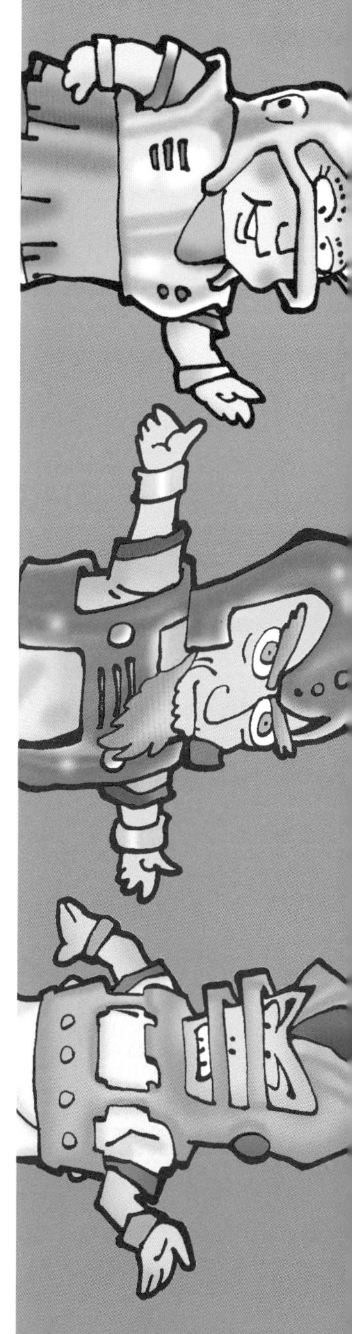

제2장

상대성 나라에 관한 사건

상대성 나라에서 너에게 달린다

가상현실의 상대성 나라에선 달려오던 두 사람이 포옹하면
왜 위험해지는 걸까요?

항상 새로운 것을 추구하는 과학공화국에서는 지금 상대성 원리가 적용되는 가상현실이 트렌드이다. 그리고 이런 가상의 나라를 상대성 나라라고 불렀다. 서점에 가도, 극장에 가도 모두 가상현실인 상대성 나라에서 벌어지는 요상한 사건들이 인기를 얻고 있는데, 물론 드라마도 예외는 아니었다.

"이번엔 꼭 ABC 방송사를 이겨야 합니다!"

DEF 방송사는 이때까지 한 번도 ABC 방송사의 시청률을 이겨 본 적이 없다. 그래서 항상 2위라는 꼬리표가 따라붙었는데, 이번에 새롭게 월화 미니시리즈를 기획하면서 DEF 방송사가 세운 목표는 오직 ABC 방송사보다 시청률이 높게 나오는 것이었다. 새 드라마 기획을 위해 작가는 물론 유능한 PD까지 한자리에 모였다.

"어떤 스토리의 새 드라마를 만들어야 할까요?"

팀장이 잔뜩 걱정스러운 얼굴로 회의를 시작했으나 스토리를 따로 생각해 오지 않은 사원들은 모두 팀장의 눈을 피했다. 그때 막내 사원이 손을 번쩍 들었다.

"음, 사랑하는 두 남녀가 결국 배다른 남매였단 이야기는 어때요?"

"그건 이미 드라마계에서 곰탕을 우려낼 만큼 우려먹은 스토리잖아."

"그렇다면 갑부 집안의 철없는 아들의 로맨스는요?"

"혹시 집에 텔레비전 없니? 드라마 안 봐? 그건 아주 사골까지 문드러질 만큼 우려먹은 거라고."

드라마의 새로운 소재를 찾는 것은 너무나 어려운 일이었다. 항상 비슷한 소재가 돌고 도는 드라마 시장에서 시청률 1위를 위해서는 분명 새로운 소재가 필요했던 것이다.

"요즘 가상현실인 상대성 나라가 인기잖아요! 드라마에서도 그걸 접목시키는 건 어떨까요?"

모두들 낙심하고 있을 때 조용히 앉아 있던 미남 사원 조안성이 큰 소리로 말했다.

"옳지! 그래, 요즘 그게 유행이잖아! 하지만 상대성 나라를 배경으로 한다 해도 내용이 지금까지와는 차별화되어야 할 텐데."

팀장은 새로운 아이디어에 잠시 기뻐했지만, 이내 한숨을 길게 내쉬었다. 그때 다시 한 번 조안성이 입을 열었다.

"운동선수들을 소재로 하면 어떨까요?"

"운동선수들? 생뚱맞지 않아?"

"선수촌에 있는 선수들에게도 로맨스는 있을 거 아니에요?"

"오호! 그거 괜찮은데!"

팀장은 휘파람을 불어 댔다. 얼마 후 본격적으로 드라마 구상에 들어갔고, 드디어 몇 개월 뒤 〈상대성 나라에서도 너에게 달린다〉라는 제목으로 드라마가 방영되기 시작했다. 선수촌에서 훈련을 하는 두 남녀 육상선수의 로맨스를 그린 드라마였다. 신선한 내용이라 그런지 시청률이 높긴 했지만, 여전히 ABC 방송사에겐 뒤처진 시청률이었다.

"팀장님, 9회까지 방송됐는데 시청률이 더 이상 오르지 않네요."

처음 아이디어를 냈던 조안성 사원이 팀장에게 시청률에 대해 보고했다. 하지만 팀장은 담배 연기 속에서 한숨만 내쉴 뿐 별다른 방법을 제시하지 못했다.

"우리 DEF 방송사 인재 조안성 사원, 마지막 10회에서 시청률을 올릴 방법이 없겠나?"

"저, 그게…… 생각해 둔 게 있긴 합니다만."

"뭔가? 생각나는 대로 다 말해 보게."

"마지막 장면은 키스 신으로 가는 게 어떨까요? 분명 시청률 상승에 효과가 있을 거예요."

"오! 좋은 생각인데."

팀장의 얼굴에 화색이 돌았다. 그리고 마지막 편인 10회의 대본을 급하게 수정했다.

드디어 시청률을 올릴 수 있는 마지막 기회가 왔다.

"소영아, 내가 올림픽에서 금메달을 따면 꼭 여기서 다시 보자."

"흑흑, 인혁 씨! 꼭 다시 만나요."

아쉬운 이별로 끝난 9회에 이어 남자 주인공 인혁이 올림픽 육상 경기에 출전하는 장면으로 10회가 시작되었다.

'그래, 소영이를 위해서라면 죽을 힘을 다해 달릴 수 있어!'

인혁은 사랑하는 소영이를 생각하면서 젖 먹던 힘까지 다해 달렸다. 한 선수와 1, 2위를 다투며 달리다가 그 선수가 뒤처지면서 인혁이 1등으로 결승선을 넘었다.

"네, 올림픽 육상 경기 금메달은 강인혁 선수가 차지했습니다!"

1위가 발표되자 경기장은 온통 축제 분위기에 휩싸였다. 여기저기서 꽃가루가 날리고, 사람들은 환호성을 질렀다. 인혁은 꿈에 그리던 금메달을 목에 걸게 되었다. 기자들이 몰려와 인터뷰를 요청했지만 인혁은 밖으로 급히 달려 나갔다.

"저기, 소감 한 말씀 부탁드립니다."

"지금 꼭 만나야 할 사람이 있어서요!"

인혁은 소영이와 약속했던 광장 앞으로 달려갔다. 이미 광장 끝에서는 소영이가 기쁨의 눈물을 흘리며 인혁을 기다리고 있었다.

"소영아!"

인혁의 목소리가 들리자 소영은 소리 나는 쪽으로 고개를 돌렸다. 노랗게 빛나는 금메달을 손에 쥔 채 환하게 웃고 있는 인혁이 보였다.

"인혁 씨!"

둘은 누가 먼저랄 것도 없이 서로를 향해 달려갔다. 그리고 광장 한가운데서 만난 그들은 서로를 꼭 껴안았다.

"소영이가 없었으면 이 금메달도 없었을 거야."

"아니에요. 인혁 씨의 노력이 금메달에서 빛나고 있는걸요. 흑흑, 너무 기뻐요."

소영이 눈물을 흘리자 인혁이 소영의 눈물을 닦아 주었다. 그리고 잠시 묘한 기운이 감돌았다. 이것이 바로 조안성 사원이 말했던 장면이었다. 인혁은 소영의 얼굴로 서서히 다가가 입맞춤을 했다.

카메라는 키스하고 있는 두 사람 주위를 빙빙 돌았다. 금메달과 함께 두 주인공의 눈물에서도 빛이 났다.

"좋았어! 대박이야!"

팀장은 드라마가 끝나자 환호성을 질렀다. 〈상대성 나라에서도 너에게 달린다〉가 10회로 종영한 뒤 예상대로 시청자들의 반응은 뜨거웠다. 그리고 드디어 시청률도 목표대로 ABC 방송사의 〈태양

사신기〉를 눌렀다.

"이봐, 우리 시청률이 5% 앞섰어. 우리도 이제 ABC 방송사를 이길 수 있어!"

"마지막 키스 신은 내가 봐도 가슴 찡하더라니까!"

DEF 방송사는 거의 축제 분위기였다. 두 주인공이 멀리서 달려와 키스를 하는 마지막 장면에서 압도적으로 시청률이 높았기 때문에 모두 조안성 사원을 칭찬하기에 바빴다. 그렇게 기쁨을 나누고 있을 때 갑자기 전화벨이 울렸다.

"하하하, 여보세요? 시청률 높은 DEF 방송사입니다."

"안녕하세요? ABC 방송사인데요."

"아앗, ABC 방송사에서 무슨 일로 전화를……."

이젠 ABC 방송사에 기죽지 않아도 된다는 생각이 들자 팀장은 자신도 모르게 큰 소리로 말했다. 하지만 ABC 방송사도 여전히 강한 모습이었다.

"한 가지 알려드릴 게 있어서 전화 걸었습니다. 이번 드라마 10회에 문제가 좀 있는 것 같아서요."

"문제라뇨?"

"아무리 드라마라고는 하지만 과학적으로 만드셔야죠. 시청자들이 방송을 보고 잘못된 과학 상식을 갖게 되면 안 되잖습니까?"

너무나도 당당한 상대방 목소리에 팀장은 간이 콩알만해져 물었다.

"무, 무슨 소리십니까? 무슨 과학이요?"

"드라마에 과학적 오류가 있으면 시청률 무효 아닌가요?"

"과학적 오류라뇨? 저흰 그런 거 없습니다!"

팀장은 자신 있게 말했다. 분명히 DEF 방송사의 시청률이 많이 나와 샘이 나서 계략을 꾸미는 거라고 생각했기 때문이다. 하지만 ABC 방송사도 절대 지지 않았다.

"마지막 장면 말이에요. 상대성 나라에서 그렇게 달려와 포옹을 하면 위험해요."

"뭐가 위험하다는 거죠?"

"좋아요. 잘 모르시나 본데…… 그럼 물리법정에서 밝혀 봅시다. 정말 과학적 오류가 있다면 당신들은 시청자들을 우롱한 거요!"

"좋아요. 저희는 잘못한 거 없으니 가 봅시다!"

상대성 나라는 달리거나 차를 타거나 하는 정도의
속도로도 상대성 원리의 효과를
느낄 수 있도록 만든 가상현실입니다.

상대성 나라에선
달려오면서 포옹하면 위험할까요?
물리법정에서 알아봅시다.

 재판을 시작하겠습니다. 먼저 원고 측 변론하세요.

 도대체 상대성 나라가 뭐기에 달려오던 사람이 서로 포옹하면 위험하다는 거죠? 정말 말도 안 되는 주장 아닌가요? 경쟁사 드라마가 잘되니까 배가 아파서 쓸데없이 과학 운운하며 시비를 거는 게 아닌가 생각합니다. 시시비비를 밝혀 주십시오, 판사님.

 잘 알겠습니다. 그럼 이번엔 피고 측 변론하세요.

 상대성 나라 연구소의 가모프 박사를 증인으로 요청합니다.

입에 기다란 사탕을 문 40대의 키 큰 남자가 증인석으로 들어왔다.

 증인, 요즘 한창 유행인 상대성 나라가 도대체 뭡니까?

 우리는 특수 상대성 이론의 여러 가지 효과들을 거의 빛의 속도에 가까울 때 느낄 수 있습니다. 그런데 일상생활에서 우리는 그런 속도를 낼 수 없고, 빛의 속도에 비하면 너무나 느린

속도로 움직이기 때문에 일반인들이 상대성 이론을 이해하기란 무척 힘이 듭니다. 그래서 우리가 달리거나 차를 타고 가거나 하는 정도의 속도로도 상대성 원리의 효과를 느낄 수 있도록 가상현실을 만들었는데, 이를 상대성 나라라고 합니다. 물론 이것은 판타지 같은 얘기지만 상대성 이론을 가르치는 데는 많은 도움이 됩니다.

 그렇겠군요. 그럼 왜 두 사람이 달려오면서 포옹하면 안 된다는 거죠?

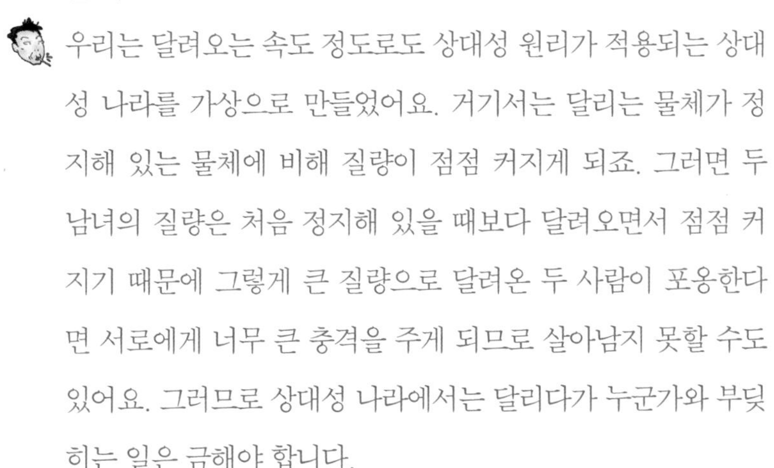 우리는 달려오는 속도 정도로도 상대성 원리가 적용되는 상대성 나라를 가상으로 만들었어요. 거기서는 달리는 물체가 정지해 있는 물체에 비해 질량이 점점 커지게 되죠. 그러면 두 남녀의 질량은 처음 정지해 있을 때보다 달려오면서 점점 커지기 때문에 그렇게 큰 질량으로 달려온 두 사람이 포옹한다면 서로에게 너무 큰 충격을 주게 되므로 살아남지 못할 수도 있어요. 그러므로 상대성 나라에서는 달리다가 누군가와 부딪히는 일은 금해야 합니다.

 상대성 나라에서는 교통사고도 위험한 일이겠군요.

엄청난 사건이지요. 자동차의 속도로 달린다면 자동차의 질량은 어마어마하게 커질 테니 그건 교통사고가 아니라 지구와 소행성의 충돌 같은 사건이 되겠지요.

 정말 만화 같은 세상이군요. 그렇죠, 판사님?

그럼 판결하도록 하겠습니다. 상대성 나라가 실제로 존재하지 않는 가상현실이지만, 일반인들에게 상대성 원리를 피부로 느끼게 할 목적으로 만들어진 나라라면 그 나라에서 벌어지는 일은 상대성 원리에 맞도록 연출되어야 한다고 판단됩니다. 이상으로 재판을 마치도록 하겠습니다.

재판이 끝난 후, DEF 방송사는 시청자들에게 사과 방송을 하고 10회의 마지막 장면을 수정하여 다시 방송했다. 수정된 방송 장면은 서로를 향해 달려오던 두 남녀가 서서히 걸음을 멈추고 사랑을 나누는 것이었다.

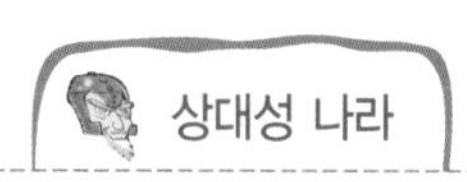

물리학자 가모프가 쓴 《톰킨스 씨의 물리학적 모험》이라는 책에 처음 소개된 가상의 나라로, 우리가 일상적으로 움직이는 속도에서도 상대성 원리가 적용된다고 가정한 가상의 나라를 상대성 나라라고 한다.

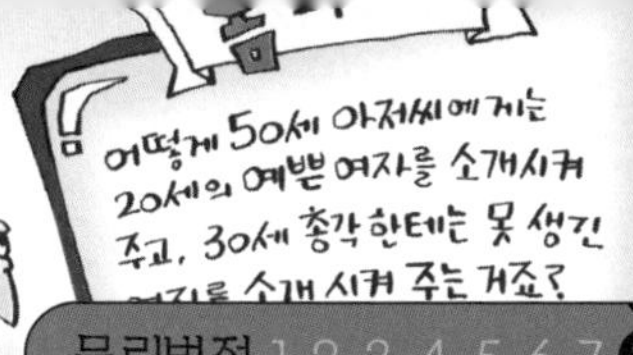

전업주부가 늙어 보이는 이유

상대성 나라에서는 50세의 택시 기사가 20대로 보일 수 있을까요?

과학공화국에서는 상대성 나라의 인기를 업고 많은 책들이 쏟아져 나오고 있다. 상대 출판사 역시 상대성 나라 사람들의 삶을 다룬 《상대성 데이 앤 나이트》라는 책을 펴내 베스트셀러에 올렸다. 그 책의 내용은 다음과 같다.

상대성 나라에서는 많은 사람들이 노처녀, 노총각이 될 때까지 결혼을 하지 않았다. 자신들의 인연을 만나지 못해 노총각으로 남아 있는 사람들이 많아진 것이다. 그런 사람들을 위해 고무신짝 씨는 천생연분이라는 결혼 정보회사를 차렸다. 이 회사는 잘 어울릴 것 같은 두 사람을 만나게 해서 인연을 만들어 주는 회사였다. 결혼률이 점점 낮아지고 있는 상대성 나라에서는 꼭 필요한 회사였기에, 결혼 적령기 사람들은 이 회사에 자신의 이름을 넣느라 바빴다.

"아, 나도 이제 우리 걸들을 정리하고 정착해야 할 텐데……."

상대성 나라의 도로를 누비는 택시 기사 떼깔고와 씨는 주위에 얼씬거리는 많은 여자들 때문에 결혼을 하지 못하고 있었다. 50대임에도 불구하고 20대 빰치는 동안의 외모가 여러 여자들을 쓰러뜨리는 무기였다. 그러나 이제 그도 나이가 나이니 만큼 안정된 가정을 꾸리고 싶었다. 마침 그때 천생연분 결혼 정보회사에 관한 소문을 들은 것이다.

"어서오세요. 천생연분 결혼 정보회사의 고무신짝입니다."

"저는 택시 기사를 하고 있는 떼깔고와입니다. 좋은 신붓감을 찾으러 왔는데요."

여러 여인 울렸을 것 같은 떼깔고와 씨의 외모에 고무신짝 씨도 잠시 정신을 잃을 정도였다. 하지만 고객과 로맨스를 만들지 않는다는 것이 회사의 철칙이라 얼른 생각을 접었다.

"어떤 여성상을 원하시는지요?"

"저는 많이 보지는 않습니다. 키는 165cm 정도에, 몸매도 조금 좋아야 하고, 적어도 대학은 나와야겠죠? 성격은 착하고, 자신의 직업을 가지고 있었으면 좋겠어요. 집안이 빼대 있어야 하는 건 물론이고, 현모양처 스타일이면 좋겠는데요."

떼깔고와 씨가 하는 말을 받아 적느라 바쁜 고무신짝 씨는 그의 말이 끝나자 떼깔고와 씨를 가만히 쳐다보았다. 50이라는 많은 나이에 너무 무리한 요구를 한다고 잠시 생각했지만, 이렇게 탱탱한 피부를 가진 남자라면 그 정도 여자는 찾아줄 수 있다는 생각이 들었다.

"네, 그럼 우리 회원 중에서 가장 조건이 좋은 여성분과 주선 자리를 마련해 보겠습니다. 얼굴, 학벌, 몸매, 직업, 어느 것 하나 빠지지 않는 분이 한 분 계시거든요. 내일 만나 보실 수 있을 겁니다."

"잘 부탁드립니다. 저도 이제 이 생활 청산하고 한 여자에게 정착하고 싶거든요."

젊은 외모의 택시 기사 떼깔고와 씨는 결혼 정보회사에서 소개한 여성과 만나기로 했다. 고무신짝 씨도 자신의 수첩에 떼깔고와 씨가 여성과 만나기로 한 약속을 적어 놓았다. 이것은 다른 고객들과 겹치지 않도록 하기 위해서였다. 그렇게 떼깔고와 씨가 나가자마자 덩치가 큰 청소잘해 씨가 들어왔다.

"어서오세요. 혹시 결혼 상대자를 찾으러 오신 건가요?"

방금 전까지만 해도 떼깔고와 씨를 웃으며 배웅했던 고무신짝 씨는 대충 입은 트레이닝복에 훌라후프를 두른 것 같은 뱃살, 못생긴 얼굴의 청소잘해 씨가 들어오자 금방 표정이 굳었다.

"여기가 천생연분 결혼 정보회사 맞죠?"

"네, 맞습니다. 들어오세요."

딱 보기에도 여성들이 싫어할 스타일의 청소잘해 씨를 고무신짝 씨는 억지로 웃으며 맞았다. 그리고 회원으로 등록하기 위해 기본적인 사항을 적는 종이를 한 장 내주었다. 청소잘해 씨는 볼펜에 침까지 묻혀 가며 열심히 써 내려갔다.

"나이는 30세, 직업은 가정주부……."

고무신짝 씨는 직업란에 가정주부라고 적혀 있는 것을 보고 놀라 청소잘해 씨를 물끄러미 쳐다보았다. 그러자 청소잘해 씨가 멋쩍게 웃었다.

"어쩌다 보니 그렇게 되었습니다. 그런데 정말 청소는 잘합니다."

"아, 예~."

고무신짝 씨는 청소잘해 씨의 개인 정보를 한 번 쭉 훑어본 다음, 그와 만나게 할 여자 회원을 고르고 있었다. 그녀는 회원카드를 한 장씩 넘기다가 제일 뒤쪽에 있는 여자 회원카드를 꺼냈다.

"아, 여기 있군요. 제가 청소잘해 씨를 보자마자 바로 생각해 낸 여자 분이십니다."

고무신짝 씨는 사진을 꺼내 청소잘해 씨에게 건네 주었다. 청소잘해 씨처럼 통통한 얼굴에 누런 이를 보이며 웃고 있는 여자의 사진이었다. 그러나 청소잘해 씨는 딱히 마음에 들지 않았다.

"직업이 뭔가요? 학벌은 좋은가요?"

"아, 이분은 한 번 이혼 경력이 있으신 분입니다. 성격 차이로 헤어진 전남편과의 사이에서 낳은 남자아이를 맡아 기르고 계십니다. 고정된 직업은 아직 없으시고 이 가게 저 가게 다니면서 일을 하신다는군요."

고무신짝 씨는 회원카드를 앞에 두고 차근차근 설명하며 청소잘해 씨의 표정을 살폈다. 앞의 떼깔고와 씨에게 소개시켜 준 여성과는 완전히 다른 분위기의 여자였기 때문에 어떤 반응을 보일지 궁금했던 것이다.

"꼭 이 여자 분밖에 없습니까? 혹시 다른 여자 분은……."

"아, 이 여자 분이 청소잘해 씨에게 잘 어울릴 것 같은데……. 마음에 안 드십니까?"

고무신짝 씨는 약간 미안한 마음이 들어 눈도 마주치지 못하고 말했다. 그때 고객 접대실 안으로 한 남자가 얼굴을 들이밀며 고무신짝 씨에게 시간 좀 내달라고 말했다. 이 회사 직원인 것 같은데, 잠시 의논할 게 있는 듯했다. 고무신짝 씨는 양해를 구하고 접대실을 나갔다. 침울해 있던 청소잘해 씨는 고무신짝 씨가 권했던 여자 분의 고객 정보를 다시 보기 위해 손을 뻗었다. 그때 고무신짝 씨의 회원수첩이 그의 눈에 들어왔다.

"어라, 이게 뭐지?"

청소잘해 씨는 궁금증을 참지 못하고 수첩을 뒤적거렸다. 그때 제일 최근에 적어 놓은 것 같은 떼깔고와 씨의 기록을 보게 되었다.

"떼깔고와 씨, 나이 50살. 내일 20세의 난완벽해 양과 만나기로 함?"

그것을 읽자마자 청소잘해 씨의 눈에서는 불꽃이 이글거렸다. 30세인 자신보다 스무 살이나 많은 50대 남자에게는 퀸카를 소개시켜 주고, 자신에게는 얼굴 못생긴 이혼녀를 소개시켜 주다니! 청소잘해 씨는 고무신짝 씨에게 따졌지만 소용없는 일이었다. 이 책은, 결국 고무신짝 씨가 정해 준 여인과 결혼한 청소잘해 씨 부부의 여러 가지 일화를 다루고 있었다.

그런데 이 책을 읽은 독자 한 명이 게시판에 다음과 같은 글을 올렸다.

어떻게 50세 아저씨에게는 20세의 예쁜 여자를 소개시켜 주고, 30세 총각한테는 못생긴 여자를 소개시켜 주는 거죠? 이건 현실성이 없어요. – 정상사랑님

그러자 이 책을 출판한 상대 출판사는 정상사랑님이 아무 것도 모르면서 책을 비난했다며 그를 물리법정에 고소했다.

상대성 나라에서는 빠르게 자주 움직이는 사람의
시간이 천천히 흐릅니다.

상대성 나라에서는
50세 택시 기사가 인기 있을까요?
물리법정에서 알아봅시다.

 재판을 시작하겠습니다. 먼저 피고 측 변론하세요.

 정상사랑님은 정상적인 사랑을 좋아하는 사람입니다. 물론 나이 많은 아저씨와 젊은 아가씨의 사랑이 불가능한 일은 아니죠. 하지만 그것이 흔하게 이루어지는 일은 아니지 않습니까? 그러므로 12세 이상 읽을 수 있는 책에서 흔치 않은 사랑을 다루는 것은, 이 책을 읽을지도 모르는 청소년들의 정신 건강에 좋지 않을 수도 있다고 생각합니다. 비록 이 책이 상대성 나라에서 일어난 여러가지 일화들을 통해 상대성 이론을 가르치는 책이라고는 하지만 어느 정도 상식적인 사랑이 되어야지요. 그렇죠, 판사님?

 그렇게 볼 수도 있겠군요. 그럼 이번엔 원고 측 변론하세요.

 상대성 나라에 관한 소설을 많이 쓴 인기 과학 작가 아잉 박사를 증인으로 요청합니다.

긴 머리에 검은색 구레나룻을 기른 30대 남자가 증인석으로 들어왔다.

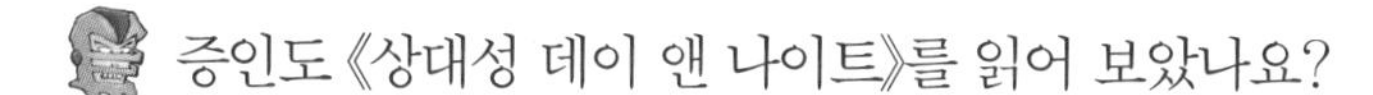
증인도《상대성 데이 앤 나이트》를 읽어 보았나요?

그렇습니다.

그렇다면 피고 측의 주장대로 이 책에 어떤 문제가 있나요?

아무런 문제가 없다고 생각합니다.

증인은 50세 남자가 20세의 여자를 소개받는 이 책의 도입부가 상식적이라고 생각하십니까?

상대성 나라에서는 그럴 수 있습니다.

그 이유를 설명해 주실 수 있나요?

상대성 나라에서는 빠르게 자주 움직이는 사람의 시간이 천천히 흐르기 때문입니다.

그것이 이번 사건과 무슨 관계가 있죠?

50세 남자는 택시 기사입니다. 다른 사람보다는 빠르게 움직이는 삶을 살지요. 그러므로 이 남자의 시간은 천천히 흐른다고 볼 수 있습니다. 이 사람의 나이가 50세라는 것은 정지해 있는 시계를 기준으로 한 것이지 이 남자의 시계를 기준으로 한 것은 아닙니다. 즉 이 남자는 오랜 시간 동안 택시를 몰았기 때문에 자신의 시간이 천천히 흘러 자신의 나이가 실제로는 50세보다 한참 어린 20대가 될 수도 있습니다. 그러므로 책의 도입부에서 쉬지 않고 움직이는 택시 기사의 시간을 기준으로 해서 그의 나이를 20대로 생각해 20대 여자를 소개시켜 준 것은 정당하다고 봅니다.

 매우 놀라운 사실이군요. 상대성 나라에서는 무조건 뛰거나 차를 타고 달려야겠습니다. 그래야 젊어 보일 테니까요.

 그렇습니다.

 증인의 말을 들으니 상대성 나라에서는 정말 신기한 일들이 많이 벌어지는군요. 이번 사건은 움직이는 사람의 시간과 정지해 있는 사람의 시간이 다르게 진행되기 때문에 벌어진 일이군요. 그렇다면 상대성 나라에서는 택시 기사가 빨리 움직이므로, 그가 주로 정지해 있거나 천천히 움직이는 다른 사람들보다 시간이 느리게 흘러 젊어 보인다는 것을 인정해야 할 것 같습니다. 그러므로 이 책에는 아무 문제가 없다고 판결합니다. 이상으로 재판을 마치도록 하겠습니다.

재판이 끝난 후, 재판 내용이 사람들에게 알려지면서 《상대성 데이 앤 나이트》는 더더욱 화제의 책이 되었고, 결국 《해리퍼터》를 제치고 베스트셀러 1위에 오르는 영광을 누렸다.

시간 지연

상대성 원리에 따르면 움직이는 물체의 시간은 정지한 곳의 시간보다 천천히 흐르게 되는데, 이것을 시간 지연 효과라고 부른다. 그러므로 상대성 나라에서는 움직이는 버스에서 걸어가는 사람이 정지해 있는 버스 밖의 관찰자에게는 아주 천천히 걸어가는 것으로 보이게 된다.

사람이야, 졸라맨이야?

상대성 나라에서는 뚱뚱한 강효동 씨도 날씬해질 수 있을까요?

영화 소개 프로그램인 〈무비갱〉은 일요일 아침을 책임지는 프로그램이다. 영화 전문가의 해설로만 진행되는 다른 영화 소개 프로그램과는 달리 극장에서 영화를 보고 나오는 사람들의 말을 직접 들을 수 있는 현실적인 프로그램이었기 때문에 인기가 많았다. 거기다 〈무비갱〉의 진행을 맡고 있는 얼큰이 강효동의 입담 또한 사람들의 주목을 끄는 이유 중 하나였다.

"그동안 지루한 내용의 영화들에 질리셨다고요? 저 효동이도 그런 영화에 질려 있다고요~. 오늘만큼은 정말 신기하고 놀라운 영화를 소개하려고 합니다. 많이 들어 보셨겠지요? 바로 〈상대성 나라의 하루〉라는 영화입니다."

강효동은 언제나처럼 큰 머리를 흔들거나 손을 맞잡고 프로그램을 시작했다. 인사말이 끝나고 바로 영화 소개로 넘어갔다. 화면에 영화의 부분 영상이 나가면서 강효동이 자신의 목소리로 직접 영화를 소개하고 있었다.

"〈상대성 나라의 하루〉라는 영화 제목이 어렵게 느껴지신다고요? 물리 시간마다 코를 골며 잤던 저도 제목만 듣고는 어렵지 않을까 생각했습니다만, 제목과는 상관없이 영화는 재미있을 것 같네요. 이 영화는 독특한 기법으로 만들어졌습니다. 자전거를 타고 가던 한 소년이 목격한 이상한 도시를 그린 것이지요."

화면에서는 주인공이 자전거를 타고 막 출발하는 장면이 나왔다.

"네, 이번 영화 출연진도 대단하죠~. 저 효동이가 나오지 않아 아쉽지만, 해리퍼터를 뛰어넘는 호기심, 수렉을 뛰어넘는 재미, 그리고 미션 임파서블을 뛰어넘는 긴박감, 모두 느낄 수 있다고 합니다. 주연은 요즘 한창 주가를 올리고 있는 유재속 씨가 맡으셔서 화제가 되고 있습니다."

강효동의 설명이 끝나자마자 자전거를 타는 소년의 얼굴이 클로즈업되었다. 그때 마침 안경을 벗은 쌩얼의 유재속 씨가 보인다. 그리고 특유의 쌍꺼풀을 만들고, 느끼하게 웃음 띤 얼굴로 엉성하게 자전거에 올라타 빠른 속도로 마을을 달린다.

"네, 화면에서 보시다시피 자전거를 타고 가는 유재속 씨가 본 세상이 이 영화의 주요 내용입니다. 모두 홀쭉하게 보이지요? 넓은 건물도 홀쭉해졌고, 사람들도 모두 졸라맨처럼 홀쭉해졌습니다. 제가 거기 있으면 제 몸도 홀쭉해 보이려나요? 하하하, 제가 홀쭉해지면 보통 사람 체형이겠네요."

화면에서는 빠른 속도로 지나가는 배경의 모든 것이 홀쭉하게 보였다. 사람도 마치 작대기 하나를 세워 둔 것처럼 보였고, 나무도 풍성한 잎들을 압축시켜 놓은 것처럼 홀쭉해졌다. 강아지, 고양이, 어느 것 하나 원래 모양대로 보이는 것은 없었다.

"네, 제가 저 세상에 살고 있다면 이렇게 뚱뚱해 보이지 않을 텐데 아쉽군요. 하하하, 그럼 제 바람은 이 정도로 하고요. 여러분께서 기다리시는 관객 평가를 들어 보도록 하죠."

화면에서는 큰 극장을 배경으로 이제 막 영화를 보고 나온 사람들 중 몇 사람을 잡아 영화에 대한 이야기를 듣는 코너가 진행되고 있었다. 처음 인터뷰한 사람은 스포츠머리에 검은 피부, 언뜻 보기에는 30대 이상으로 보이는 아저씨였다. 그리고 밑에 이름과 나이를 소개하는 자막이 나왔다.

"저는 이제 스무 살이 된 칠천원입니다."

스무 살이라는 말에 놀라는 방청객의 반응이 그대로 들렸다.

"저는 이번에 성인이 된 기념으로 이 영화를 70달란을 주고 보았습니다. 그래서인지 다른 영화들보다 더 많이 기대했습니다. 그런데 아무리 자전거를 타면서 본 세상이라고 하지만 사람이 그렇게 홀쭉하게 보이는 것은 너무 오버한 것이 아닌가 싶어 눈살이 찌푸려지더군요. 하루 세 끼 개미만 퍼먹어도 그렇게 홀쭉해지지는 않을 겁니다. 그러지 말고 개미 퍼먹어! 제 70달란 돌려주세요!"

스무 살이라는 나이가 믿기지 않았던 칠천원 씨는 별점 다섯 개 만점에 두 개만 주었다. 잠시 후 또 다른 관객에게 마이크를 갖다 댔다. 이번에는 키가 작은 남자였다. 얼핏 보면 잘생긴 것 같지만 다시 보니 못생긴 얼굴이었다.

"저는 스물여섯 살 하하하입니다. 이 영화를 보고 나니 이런 노래가 생각나는군요. 보나마나~ 이 영화 보나마나~ 너무 홀쭉해 과학적이지 않은 영화 보나마나~."

하하하 씨는 창피하지도 않은지 갑자기 춤을 추며 노래를 불렀다. 요즘 한창 유행인 하나마나송을 개사한 것이었다.

"사람 몸이 정말 개미만 하게 나오더군요. 현실적이지 않아 신기하기는 했지만 재미는 없었어요. 요즘은 과학의 시대인데, 이렇게 과학적이지 않고 상상만으로 만들어진 영화는 성공하기 힘들죠."

그는 작은 키로 까치발을 해 가며 열정적으로 인터뷰에 응했다. 그렇게 하하하 씨의 말이 끝나고 마지막 관객이 화면에 잡혔다.

"안녕하세요? 저는 서른여덟 살 된 까다로운 번선생입니다. 저의 철학은 모르면 배우자, 배워서 익히자, 익혀서 써먹자~이기 때문에 혹시 배울 것이 있나 싶어 이 영화를 보게 되었습니다. 그런데 너무 비과학적이네요!"

번선생의 말이 워낙 빨라 잘 알아듣기 위해 사람들은 귀를 쫑긋 세웠다.

"이게 과학적이냐고요? 아니~죠! 이게 비과학적이냐고요? 맞~습니다! 과학적? 아니~죠! 비과학적? 맞습니다!"

선생님의 습관을 버리지 못했는지 번선생은 학생들에게 가르치듯이 말했다. 그렇게 관객들 반응은 대부분 비과학적이라는 대답이었다. 아무리 영화라지만 도시의 건물이나 나무, 사람들이 졸라맨처럼 홀쭉하다며 너무 오버한 것 아니냐는 의견이었다.

"네, 의견이 대부분 비슷하네요. 너무 홀쭉한 게 비과학적으로 보인다는 반응이었습니다. 그렇죠. 영상으로 봐도 사람 몸이 저렇게 작대기 같은 건 제가 용납 못하죠!"

영화 소개 프로그램인 〈무비갱〉이 끝난 후 영화 〈상대성 나라의 하루〉를 제작한 영화사는 그야말로 비상이 걸렸다. 관객들 모두 비과학적이라며 영화를 비난하고 나섰기 때문이다.

"저건 분명히 과학적인데, 오버한 게 아닌데, 사람들이 오해를 하는군! 이렇게 그냥 놔 두었다가는 〈상대성 나라의 하루〉를 아예 안 보는 거 아니야?"

영화사 대표인 홀쭉이 씨는 이대로 가만히 있으면 안 되겠다는 생각이 들었다. 많은 사람들의 오해를 풀어야 했다. 그는 결국 이 영화에 과학적으로 문제되는 부분이 전혀 없다며 물리법정에 호소하기에 이르렀다.

상대성 이론에서는 움직이는 속도가 빨라질수록
공간은 점점 더 수축하게 됩니다.

상대성 나라에서는 모두 홀쭉이가 될까요?
물리법정에서 알아봅시다.

재판을 시작하겠습니다. 먼저 물치 변호사, 의견 말해 보세요.

졸라맨은 만화에나 등장하는 캐릭터입니다. 졸라맨의 몸은 선으로 되어 있어요. 그런 몸 안에 어떻게 위나 창자가 들어 있겠습니까? 만화에서나 가능한 얘기죠. 그런데 아무리 상대성 나라라고 해도 사람과 건물을 그렇게 졸라맨처럼 그린다는 건 너무 지나친 것 같아요. 최근의 SF 영화가 너무 과장되게 만들어지는 경향이 있는데, 이번 영화도 그런 영화 중의 하나라고 생각합니다.

그럼, 이번에는 피즈 변호사 변론하세요.

네, 이 문제는 제가 직접 변론하겠습니다.

그렇게 하세요.

상대성 나라에서는 움직일수록 시간은 천천히 진행되고, 질량은 증가하며, 움직이는 방향으로 길이가 줄어듭니다.

어째서 그런 현상이 나타나는 거죠?

그건 시간이 달라지기 때문입니다. 움직이면 짧은 시간이 경과하지요? 그러니까 움직이는 관찰자에게 거리가 줄어들어야 거리를 시간으로 나눈 속도가 일정한 값을 유지하게 되는 것입니다.

그렇게 되면 정말 사람들이 졸라맨처럼 보일 수 있나요?

물론입니다. 움직이는 속도가 빨라질수록 공간은 점점 더 수축하게 됩니다. 그럼 그렇게 수축된 공간 속에 사람들이나 건물이 있어야 하므로 결국 사람이나 건물도 홀쭉해질 수밖에 없어요. 그러므로 아주 빠른 속도에 도달하면 관찰자가 움직이는 방향과 나란한 방향으로 공간의 폭이 거의 0에 가까워져 모든 사물의 폭이 0에 가까워지게 되는 것이지요. 따라서 건물도 사람도 졸라맨처럼 홀쭉해져 보이게 됩니다.

그렇다면 이번 영화에는 과학적으로 아무 문제가 없는 것이군요. 상대성 나라에서 움직이는 관찰자에게는 공간이 수축된 것으로 보이기 때문에 모든 사물이 홀쭉하게 보인다는 영화의 내용은 과학적으로 옳다고 판결합니다. 이상으로 재판을 마치겠습니다.

재판이 끝난 후, 영화 〈상대성 나라의 하루〉는 상대성 원리를 일반인들에게 쉽게 알린 공로로 상대성학회로부터 공로상을 받았다.

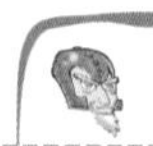
길이 수축

상대성 이론에서 움직이는 물체는 정지해 있는 관측자에게 움직이는 방향으로 길이가 줄어드는 것으로 보인다. 하지만 움직이는 방향과 수직인 방향으로는 길이가 그대로 유지된다. 그러므로 상대성 나라에서 사람이 위로 점프를 하면 그 사람의 키가 줄어드는 것으로 보이게 된다.

과학성적 끌어올리기

가모프의 《이상한 나라의 톰킨스 씨》

가모프가 쓴 《이상한 나라의 톰킨스 씨》에서 평범한 은행원인 톰킨스 씨는 어느 노교수로부터 일반인을 위한 상대성 원리에 대한 강의를 듣다가 졸게 되었다. 그가 눈을 떠 보니 갑자기 특수 상대성 원리의 영향을 받는 이상한 세계로 오게 되었다.

톰킨스 씨는 어느 중세풍의 도시 한복판에 서 있었다. 그때 어떤 사람이 자전거를 타고 가고 있었는데, 톰킨스 씨에게 그 사람과 자전거는 모두 홀쭉해 보여 사람이나 자전거의 모습 같지 않았다. 또 그 사람은 페달을 천천히 밟는 것 같아 보였는데 의외로 그 사람이 도시의 한 블록을 지나는 데 걸리는 시간은 짧게 느껴졌다.

우선 톰킨스 씨에게 자전거를 탄 사람이 홀쭉해 보인 이유는 길이의 짧아짐 때문이고, 이 사람이 페달을 천천히 밟는 것처럼 보이는 것은 시간의 늦음으로 관찰자에게 슬로비디오처럼 보이기 때문이다.

톰킨스 씨는 하도 신기해서 자기도 자전거를 빌려 타고 그 사람을 쫓아가 보기로 했다. 자전거를 타고 달리는 톰킨스 씨에게 이번에는 반대로 주위의 건물들이 모두 홀쭉해 보였다. 또 톰킨스 씨는 자전거를 타고 가면서 블록과 블록 사이의 길이가 짧게 느껴지는 체험도 했다.

거리의 건물들이 홀쭉해 보이는 것이나 한 블록 사이의 거리가 짧게 느껴지는 것은 모두 길이의 짧아짐 때문이다.

톰킨스 씨가 자전거를 타기 전에 거리의 시계탑을 보았더니 시계는 5시를 가리키고 있었다. 그는 자신이 쫓아갔던 사람과 나란히 자전거를 타고 달리면서 그 사람과 자전거를 쳐다보았다. 그랬더니 그 사람은 아주 뚱뚱한 사람이었고 자전거도 정상적인 모습으로 보였다. 자전거에서 내려 시계를 보니 시계는 5시 30분을 가리키고 있었다. 톰킨스 씨는 30분이 흘렀다는 것이 믿어지지가 않았다. 왜냐하면 그는 자전거를 아주 짧은 시간 동안 탔다고 생각했기 때문이다. 그래서 그는 자기 손목에 찬 시계를 보았다. 놀랍게도 손목시계는 5시 5분을 가리키고 있었다.

과학성적 끌어올리기

톰킨스 씨가 그 사람과 나란히 자전거를 타고 달리면서 그 사람을 보았을 때 그가 뚱뚱한 사람으로 보인 것은 톰킨스와 그 사람이 같은 방향, 같은 속력으로 운동을 하므로 톰킨스 씨에 대한 그 사람의 상대속도가 0이 되고, 이로 인해 길이의 짧아짐이 나타나지 않기 때문이다. 시계탑의 시계는 5시 30분을 가리키는데 톰킨스 씨가 찬 손목시계가 5시 5분을 가리키는 것은 톰킨스 씨의 시계가 정지해 있는 시계탑의 시계에 비해 느리게 가기 때문에 일어난 현상이다. 즉 자전거를 타고 달리는 톰킨스 씨에게 한순간은 정지해 있는 사람들에게 긴 시간이 되기 때문이다.

이 세계에서 톰킨스 씨가 가장 이해할 수 없었던 장면은 기차역에서 일어난 일이었다. 톰킨스 씨가 다른 곳으로 여행을 하기 위해 기차를 타려고 할 때 40대로 보이는 신사가 기차에서 내렸다. 그런데 어떤 나이 든 여자가 그 사람에게 '할아버지 안녕하세요'라고 말하는 것이었다. 하도 이상해서 톰킨스 씨는 40대로 보이는 그 사람에게 '정말 당신이 이 나이 든 여자의 할아버지입니까?'라고 물었다. 그때 그 사람은 나이 든 여자가 자신의 친손녀라고 말했다. 그는 자기가 직업상 기차 여행을 자주 하기 때문에 여행을 다니지 않고 그 마을에서 쭉 살아온 손녀의 시간에 비해 자신의 시간이 느리게 가 자기가 젊어 보이는 것이라고 말했다.

특수 상대론의 시간의 늦음을 너무 많이 겪었기 때문에 이 신사의 시계가 손녀의 시계에 비해 느리게 가서 젊어 보이는 것이다.

가상현실의 세계

그러면 우리가 이러한 가상현실 속에서 산다고 할 때 어떤 해프닝이 일어나는가를 생각해 보자. 즉 이 세상에서 걸어가는 것을 제외한 모든 움직임에 대해 상대성 원리가 적용된다고 하자.

어느 화창한 날 강민구 씨는 오픈카를 타고 일자로 뻗은 도로를 달리고 있었다. 그때 오른쪽 인도에서 아주 호리호리한 허리를 가진 여자를 보았다. 강씨는 이 여자를 꼬여 볼 생각으로 차를 세우고 인도로 나왔다. 강씨는 깜짝 놀랐다. 자기가 차에서 본 호리호리한 허리를 가진 여자가 가까이서 보니 엄청나게 뚱뚱한 여자였던 것이다.

과학성적 끌어올리기

이것은 달리는 관찰자인 강씨에게 이 여자의 허리의 폭이 작게 보였기 때문이다. (길이의 짧아짐)

강씨는 아들과 함께 근처에 있는 놀이동산에 갔다. 아들이 회전목마를 타고 싶어 해 강씨는 회전목마 주인에게 얼마냐고 물어보았다. 주인은 1분 동안 타는 데 1000달란이라고 하였다. 평소 의심이 많은 강씨는 이 주인이 혹시 1분이 되기 전에 회전목마를 멈출까봐 자신의 전자시계를 스톱워치로 전환시켜 시간을 재며 타기로 했다. 강씨와 아들은 회전목마를 탔다. 그런데 강씨의 시계가 30초를 가리키는 순간 회전목마가 멈추었다. 화가 난 강씨는 주인에게 '난 30초밖에 타지 않았으니 500달란을 돌려주시오' 라고 항의했다. 그러나 주인은 자기 시계로 분명히 1분이 지난 후에 회전목마를 멈추었다고 말했다.

이것은 회전목마를 타고 움직이는 강씨의 시계가 정지해 있는 주인의 시계에 비해 느리게 갔기 때문이다. (시간의 늦음)

아들 하나 딸린 홀아비 강씨에게 드디어 기다리고 기다리던 선이

들어왔다. 오후 1시쯤 강씨가 집에서 아들과 라면을 먹고 있는데 친구로부터 전화가 걸려 왔다. 친구는 오늘 오후 3시에 시내 커피숍에서 이지연 씨를 만나라고 했다. 강씨는 서둘러 차비를 하고 2시에 집을 나섰다. 차가 출발할 때 시계는 정확하게 2시를 가리키고 있었고, 목적지에 도착했을 때는 2시 10분밖에 되지 않았다. 시간이 너무 많이 남아 50분 동안 주변 공원 벤치에 앉아 어떤 여자가 나올까 생각했다. 공원을 떠나 약속 장소인 커피숍에 들어가 손님 중에서 이지연 씨를 찾았다. 그러나 커피숍에서 한 시간을 더 기다려도 이지연이라는 여자는 나타나지 않았다. 화가 난 강씨는 친구에게 전화를 걸었다. 그런데 친구가 오히려 화를 내는 것이었다. 친구 얘기로는 이지연이라는 여자가 40분 동안 기다리다 화를 내고 집에 돌아갔다는 것이다.

이것도 시간의 늦음 때문에 일어난 해프닝이다. 강씨가 차를 타고 달리는 동안 강씨의 시계가 느리게 가기 때문에 강씨가 목적지에 도착했을 때 그의 시계는 2시 10분을 가리키고 있었지만, 정지해 있는 커피숍의 시계는 3시를 가리키고 있었던 것이다. 만일 이지연이라는 여자가 차를 타지 않고 슬슬 걸어왔다면 강씨가 공원에서 50분을 보내는 동안 이지연 씨는 커피숍에서 강씨를 혼자 기다리고 있게 되기 때문이다.

강씨는 몸이 뚱뚱한 편이다. 그래서 그는 열심히 운동을 해서 살을 빼기로 결심했다. 매일 아침 일찍 일어나 강변 둔치에서 한 시간씩 뛰기로 결심한 그는 석 달 동안 꾸준히 운동했다. 석 달 후 그는 몸무게를 재 보았다. 그런데 저울에 올라간 강씨는 깜짝 놀랐다. 석 달 동안 열심히 운동했는데 몸무게가 오히려 10kg 더 늘어난 것이다.

이것은 강씨가 뛰는 동안 강씨의 질량이 점점 커졌기 때문이다. 그러니까 상대성 원리가 적용되는 이런 세계에서는 오히려 가만히 있는 것이 몸무게를 늘이지 않는 방법이 되는 것이다. (질량의 증가)

일반 상대론에 관한 사건

지금
우회전하십시오.
엥? 여기서
우회전하면
논두렁에 빠지지!
GPS 담당 설계자가
중력이 큰 곳과 작은
곳의 시간차를 모르기
때문이지.
GPS

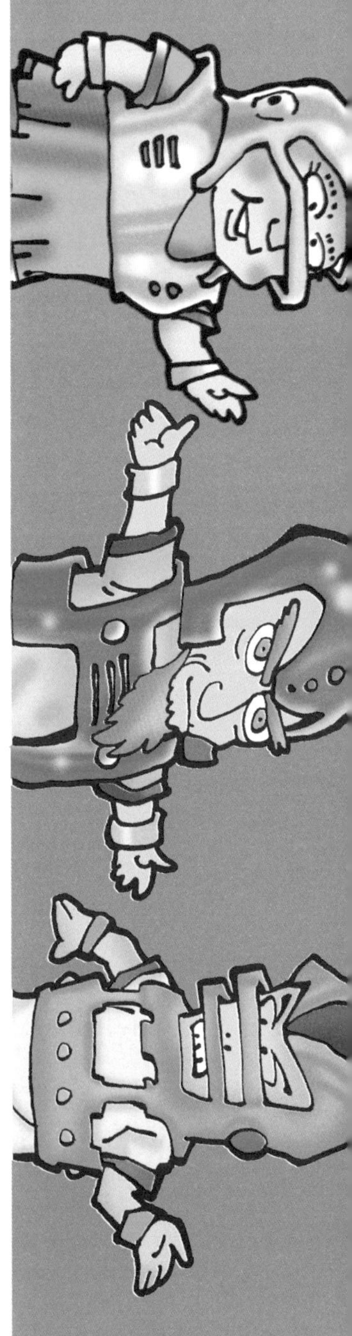

평행선이 만난다고요?

끝없이 이어지는 평행선이 서로 만날 수 있을까요?

"수~박 팔아요! 수~박, 강호동 머리만 한 큰 수~박 팔아요~."

예사롭지 않은 억양의 소유자인 리망의 목소리가 울려 퍼졌다. 리망은 트럭을 몰고 다니면서 수박을 파는 수박 장수이다. 하지만 리망에게는 여느 수박 장수와는 다른 점이 있었다.

"수~박, 아줌마도 아저씨도 배터지게 드세요~. 큰 수~박입니다."

사람을 모으기 위해 미리 녹음한 테이프를 틀어 놓고 리망은 책에다 연필로 무언가 열심히 쓰고 있었다. 재치 있는 입담 때문인지 아니면 수박이 탐스러워 보였는지 한 아주머니가 트럭으로 와 수박을 톡톡 두드려 보고 있었다.

"아이고, 고놈의 수박 참 크네!"

직업정신이 투철한 리망은 읽고 있던 책을 덮고 아주머니 곁으로 다가갔다.

"그럼요. 고추는 작은 게 매울지 몰라도, 우리 가게 수박은 큰 게 달아요~."

"수박 장수 아저씨 입담이 장난이 아니네."

리망은 수박을 사러 오는 손님이 수박을 사 가도록 하는 여러 가지 전략을 가지고 있었다. '일상생활에 찌든 아주머니들에게 재치 있는 입담으로 즐거움을 드려라! 그러면 손님이 기분 좋게 수박을 사 갈 것이다!'

수박 장수의 소문난 입담 때문에 어느새 트럭 주위로 많은 사람들이 몰려들었다. 마을 아주머니들은 깔깔깔 웃으며 맛있는 수박을 고르기 위해 톡톡 두드려 보기도 했다. 그런데 그 속에 조금 까다로운 손님이 한 분 계셨다. 그 아주머니는 앞에 있는 수박이 마음에 들지 않는 눈치였다.

"저~기 안에 있는 수박 좀 보여 줘."

"네, 맛있어서 제가 일부러 안 팔려고 숨겨 놓은 건데 아주머니께는 드려야죠!"

리망은 웃으면서 아까 앉아서 책을 보던 자리 바로 옆에 있는 수박을 꺼내 왔다. 아주머니도 리망과 같은 쪽으로 고개를 돌리다가

한쪽에 꽂힌 책을 보게 되었다.

"수박 장수 아저씨, 저 책은 다 뭐요?"

"아~ 저 책이요? 손님들이 없을 때 공부하는 책들이에요."

리망은 수박을 꺼내 와서 톡톡 두드려 보았다. 그 수박은 유난히 청명한 소리를 냈다.

"통통~ 잘 익었는데요? 아주머니는 척 보고도 맛있는 수박 알아내는 능력이 있으신가 봐요!"

"내가 뭐~ 주부 9단이긴 하지~. 호호호."

아주머니는 고래도 춤추게 한다는 칭찬에 까르르 웃었다. 그 옆에서 딸로 보이는 학생이 멀뚱히 구경하다가 아까 그 책들을 뚫어지게 쳐다봤다. 그리고 놀란 눈으로 말했다.

"아저씨, 저 책은 수학책인데, 수학 공부하세요?"

"응, 저 책들은 이미 다 공부한 책이야. 요즘은 책 살 돈이 빠듯해서 복습하는 중이지."

리망은 멋쩍은지 머리를 긁적였다. 그때 옆에서 다른 수박을 고르고 있던 학생의 어머니가 학생을 보고 말했다.

"얘, 넌 수학은 꼴찌하면서 수학책은 알아보는구나?"

"엄마도 참! 고3이면 당연히 봐야 하는 《수학의 정석》과 《개념 원리》를 왜 모르겠어! 그리고 그 꼴찌라는 말은 좀 빼도 좋지 않아?"

"꼴찌를 꼴찌라 그러는 게 뭐가 어때서~."

학생의 어머니는 언제 그런 말을 했냐는 듯 시치미를 뚝 뗐다. 그리고 수박 장수가 수학을 잘한다고 하자 신기해하며 물었다.

"수박 장수 아저씨, 수학은 왜 공부해요? 수박 파는 데 수학도 필요해요?"

"아니요~. 사실 어릴 때는 가난해서 학교에 가질 못했어요. 그래서 수학이라고 하면 손가락 개수 세는 게 다였죠."

"그런데 어떻게 저렇게 어려운 책을 보게 됐어요?"

교복 입은 학생이 궁금한 듯 물었다.

"수박 장수를 하면서 돈 계산을 못하니까 장사가 안 되더라고요. 그래서 혼자 수학 공부를 하게 되었는데, 하다 보니 재미있어 결국 독학으로 수학을 깨치게 된 거예요."

"우와~ 그럼 완전 수학자겠네요?"

"나는 아마추어란다."

리망은 학생의 머리를 쓰다듬으며 말했다. 학생과 엄마는 가장 청명한 소리를 내는 수박을 하나 사서 돌아가며 마지막 말을 잊지 않았다.

"수박 많이 파셔서 오늘은 꼭 새 책 사세요."

그날은 리망이 소문을 탔는지 다른 날에 비해 수박이 많이 팔렸고, 빈 트럭으로 집에 돌아올 수 있었다. 예기치 못한 수확에 리망은 오늘은 꼭 책을 사리라 마음을 먹었다.

"그래, 이렇게 열심히 수박을 판 나에게 상을 줘야지!"

리망은 집에 가는 길에 서점에 들러 예전부터 사고 싶었던 유클리드의 《기하학 원론》을 사서 기쁜 마음으로 돌아왔다.

하지만 신의 장난이 시작되었는지 다음 날부터 장마가 시작되었다. 결국 리망은 전날, 트럭에 쌓아 놓은 수박을 모두 집 안으로 옮기고 비가 그치기만을 기다렸다.

"에잇, 오늘 장사는 다했네. 모처럼 쉬는 날인데, 책이나 읽어야겠다!"

리망은 작은 수박 하나를 베고 누워 어제 산 책을 꺼내서 읽기 시작했다. 들리는 소리라곤 비 내리는 소리뿐이라 더 집중이 잘되었다.

"음…… 이렇게 저렇게 요렇게 되어 결국 두 평행선은 만나지 않는다……."

작은 소리로 중얼거리면서 책을 읽던 리망이 갑자기 뭐가 이상했는지 자리에서 벌떡 일어났다.

"응? 두 평행선이 만나지 않는다고?"

벌떡 일어난 리망은 한 손으로는 책, 한 손으로는 베고 있던 수박을 들고 둘을 번갈아 가며 쳐다봤다.

"수박은 두 평행선이 만나잖아."

분명 수박은 까만 줄 평행선이 꼭지를 중심으로 만나고 있었다. 그동안 매일 판 것이 수박이요, 매일 본 것도 수박이요, 매일 먹은 것도 수박이라 리망은 번뜩 수박을 생각해 낸 것이다. 하지만 유클리드의 《기하학 원론》에서는 두 평행선이 만나지 않는다고 하니 리망은 어리둥절했다.

"두 평행선이 만나는 걸 이 두 눈으로 똑똑히 봤는데! 분명 이 책이 잘못된 거야!"

리망은 그렇게 결론 내리고 수학을 사랑하는 한 사람으로서 많은 사람이 보는 책에 잘못된 부분이 있는 걸 그냥 두고 볼 수 없었다. 그래서 이 책의 저자를 물리법정에 고소하기로 마음먹었다.

"책에 잘못된 내용이 있다니! 정의의 이름으로 가만두지 않겠다!"

평평한 면에 평행선을 그리면 평행선은
서로 만나지 않지만, 수박처럼 휘어진 면에서는
평행선이 만나게 됩니다.

평행선이 만날 수 있을까요?
물리법정에서 알아봅시다.

 재판을 시작하겠습니다. 먼저 피고 측 변론하세요.

 평행선은 서로 나란히 있는 두 직선을 말합니다. 그러므로 평행선이 서로 만나지 않는다는 것은 삼척동자도 다 아는 사실입니다. 그런데 평행선이 만나다니요? 정말 어처구니없는 지적이군요. 이런 말도 안 되는 주장을 하는 리망에 대해 본 변호사는 기초 수학 감정을 의뢰하는 바입니다.

 원고 측, 이에 반론하십시오.

 리만 기하학 연구소의 구브러 박사를 증인으로 요청합니다.

허리가 구부러진 40대의 남자가 어정쩡한 걸음으로 증인석에 들어왔다.

증인은 리만 기하학 연구소에 있다고 하는데, 리만 기하학에 대해 설명해 주시겠습니까?

 수박처럼 휘어진 면에서의 기하학은 종이처럼 평평한 곳에서의 기하학과는 다릅니다. 이렇게 수박처럼 휘어진 면에서의

기하학을 리만 기하학이라고 부르지요.

 뭐가 다르다는 말씀이죠?

 평평한 면에 평행선을 그리면 평행선은 서로 만나지 않습니다. 하지만 수박처럼 휘어진 면에서는 평행선이 만나게 되지요.

 어떻게 만나게 됩니까?

 다음 그림을 보시죠.

북극점과 남극점을 잇는 선들은 모두 평행선들입니다. 그런데 수박 면에서는 이들 평행선들이 모두 두 점에서 만나지 않습니까? 이것이 평평한 면에서의 기하학과 다른 점입니다.

 그렇군요. 또 다른 점이 있나요?

 수박 면에서는 평행이변형이 가능합니다.

 이변형이라면 변 두 개로 만든 도형이란 얘긴가요?

 그렇습니다.

 변 두 개로 도형이 만들어진다고요? 그게 가능한가요?

 평면에서는 불가능하죠. 가장 적은 개수의 변을 사용하는 도

형이 삼각형이니까요? 하지만 수박 면에서는 다음 그림과 같이 가능합니다.

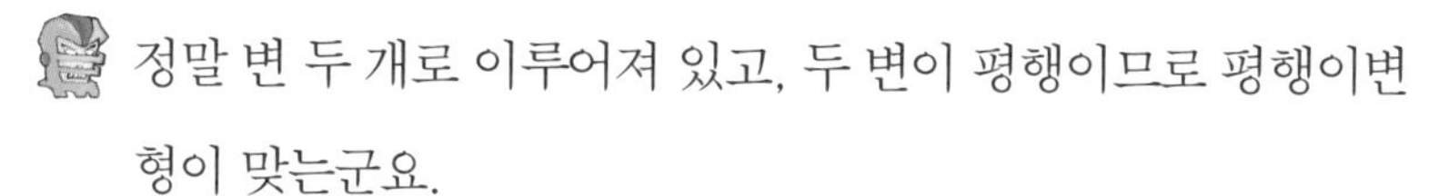

정말 변 두 개로 이루어져 있고, 두 변이 평행이므로 평행이변형이 맞는군요.

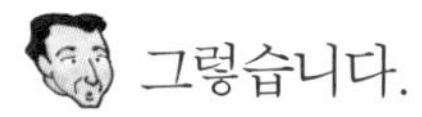

그렇습니다.

자세한 말씀 감사합니다. 판사님, 그럼 이제 증인의 증언을 참고로 판결해 주시죠.

알겠습니다. 우리는 이번 법정을 통해 수박 면처럼 휘어진 곳에서는 기하학이 달라진다는 놀라운 사실을 알게 되었습니다. 그러므로 이번 사건에서 리망 씨의 주장은 정당하다는 것

리만 기하학

평면에서 적용되는 기하학을 유클리드 기하학이라 하고, 휘어진 면에서 적용되는 기하학을 독일 수학자 리만의 이름을 따서 리만 기하학이라고 한다. 공처럼 휘어진 면에서는 평면과 달리 두 점 사이의 최단 거리를 만드는 선이 직선이 아니라 곡선이 된다.

이 본 재판부의 결론입니다. 이상으로 재판을 마치겠습니다.

재판이 끝난 후, 대부분의 기하학 책은 '평행선은 만나지 않는다' 라는 명제가 '평면에 그려진 두 평행선은 만나지 않는다' 로 수정되었다.

무중력에서는 방방 떠야죠?

무중력 공간인 우주정거장에서 걸어 다닐 수 있을까요?

대형 영화관 CGB에서 영화 〈지금 우주로 갑니다〉의 시사회가 시작되고 있었다. 시사회에는 남자 주인공인 조인상과 여자 주인공 이나용, 그리고 영화감독인 심형님이 무대 인사를 하고 있었다.

"꺄아~ 조인상 오빠 너무 잘생겼어요~~~."

관객석은 이미 인기 영화배우인 조인상과 이나용을 보기 위해 몰려든 사람들로 가득 찼다. 그리고 오늘따라 유난히 많은 기자들이 몰려와 있었다. 그것은 이 영화의 감독인 심형님이 정통 영화감독이 아니라 과학자 출신의 감독이기 때문이다.

"감독님의 인사 말씀이 있겠습니다."

"안녕하세요, 심형님입니다. 주위 사람들로부터 과학자가 감독해서 영화가 만들어지겠냐는 말을 많이 들었습니다. 하지만 저는 해냈습니다! 과학적 지식을 백퍼센트 활용해서 멋진 영화를 만들어 냈습니다!"

자신 있게 말하는 심형님 감독의 말이 끝나자 기자 한 명이 손을 들어 질문했다.

"그렇다면 이번 영화의 장르는 단순히 로맨스가 아닙니까?"

"로맨스 SF 장르라고 말하고 싶네요. 일단 영화를 함께 보시죠."

많은 사람들의 궁금증 속에서 드디어 영화가 시작되었다. 영화의 내용은 우주로 떠난 두 남녀가 힘든 고난과 역경을 함께 거치면서 어느새 서로 사랑을 느낀다는 로맨스 SF물이었다. 그중 마지막 장면이 사람들의 뇌리에 깊이 새겨질 만큼 인상적이었다.

조인상의 느끼한 대사와 이나용의 앙칼진 애교가 절정을 이루었기 때문이다.

"우리 심심한데~. 산책이나 할까?"

"난 우리 자기와 뭘 하든지 좋은걸!"

조인상은 이나용의 손목을 잡고 우주선에서 나왔다. 그러자 우주정거장이 그들을 기다리고 있었다. 그들에게 산책은 산길을 걷는 것이 아니라 우주정거장을 걷는 것이었다. 우주정거장에서 조인상과 이나용은 땅을 밟고 걸으며 데이트를 즐겼다.

"난 이렇게 우리만 즐길 수 있는 데이트를 한다는 게 좋아."

"맞아. 우리가 아니면 누구도 하지 못하는 데이트지."

"난 평생 걸을 수 있어. 너와 함께라면……."

둘은 잡고 있던 손을 더욱 꼭 잡고 서로의 사랑을 확인했다. 그들은 삭막할 것 같던 우주정거장을 사랑 가득한 포근한 느낌으로 걸어 나갔다. 마치 발을 맞춘 듯 오른발 왼발 사뿐사뿐.

"사랑해요. 우리 앞에 펼쳐진 우주만큼."

마지막으로 남자 주인공인 조인상의 내레이션으로 영화는 끝이 났다. 스크린이 올라가자 보고 있던 관객들과 기자들은 눈물을 닦으며 큰 박수를 보냈다. 심형님 감독은 박수치며 환호하는 사람들에게 인사를 하며 마음속으로 확신을 가졌다.

'그래, 이렇게 환호하는 걸 보니, 이 영화는 성공이야!'

"감독님, 인터뷰 좀 해 주세요!"

기자들은 감독에게 서로 먼저 인터뷰를 해 달라고 난리였다. 심형님 감독은 진심으로 기뻐하며 인터뷰에 모두 응했다. 그중 한 기자가 이런 질문을 던졌다.

"저는 김깜빡 기자입니다. 영화가 참 완성도 있고 재미있는데요. 12월에 열리는 흑룡영화제에 후보로 올라갈 것을 예상하고 계시나요?"

흑룡영화제라고 하면 국내에서 열리는 가장 큰 영화제이다. 그래서 심형님 감독도 은근히 영화제 욕심이 났다.

"후보라니요? 이 영화는 올해의 영화상 수상도 노려볼 만합니다!"

"어쩌면 가능할 수도 있을 것 같습니다. 꼭 수상하시길 바랍니다!"

이렇게 성공적인 시사회를 마치고 영화가 개봉되자 관객이 100만 명을 넘기며 영화는 가히 성공적이었다.

어느덧 싸늘한 바람이 부는 12월이 되었다. 그리고 흑룡영화제가 성대하게 시작되었다.

"심형님 감독님, 드디어 흑룡영화제가 시작되었습니다."

"그래, 나도 보고 있어. 우리 영화가 얼마나 좋은 상을 받을지 기대되는구먼!"

심형님 감독과 관계자들은 텔레비전에 온 신경을 집중하며 흑룡영화제를 보고 있었다. 사실 흑룡영화제에는 초대권을 받은 사람만 참석할 수 있기 때문에 초대권을 받지 못한 심형님 감독은 집에서 텔레비전으로 볼 수밖에 없었다. 하지만 〈지금 우주로 갑니다〉가 꼭 상을 받을 거라는 믿음에는 변함이 없었다. 하지만 영화제가 진행되면서 심형님 영화사 관계자들은 불안해지기 시작했다.

"심형님 감독님, 신인상, 남녀주연상 모두 우리 영화가 후보에 오르지도 않았는데요?"

"어허~ 성격 급하긴! 우리가 노리는 건 올해의 영화상이 아닌가?"

"그건 그렇지만 이렇게 아무 후보에도 안 오르니 불안해서……."

"기다려 보게."

드디어 영화제의 제일 마지막 순서인 올해의 영화상 발표가 다가

왔다. 한껏 드레스로 뽐을 낸 이산화탄소 같은 여자 이영해와 정장을 쫙 빼입은 젠틀맨인 다니엘했니 씨가 시상을 하기 위해 무대에 올랐다. 한국말이 서툰 다니엘했니 대신 이영해가 여우 목도리를 쓰다듬으면서 고상하게 말했다.

"정말 아름다운 밤이에요~. 그럼 가장 치열했던 올해의 영화상 후보부터 보시죠!"

화면은 후보에 오른 영화를 한 편씩 보여줬다. 어느 누구보다도 심형님 감독이 가장 긴장하면서 보고 있었다.

"첫 번째 후보는…… 잘생긴 해녀도 있다는 걸 보여주셨죠. 〈캐리비안의 해녀〉!"

"두 번째 후보 작품입니다. 살인 사건의 실마리를 향숙이가 풀어주는 〈향숙이의 추억〉!"

"세 번째 후보 작품은 감옥에서 힘들었던 일을 고자질하는 영화, 〈우리들의 고자질하는 시간〉!"

후보 작품이 호명되는 순간, 심형님 감독은 손에 땀을 쥐었다. 하지만 마지막 작품이 소개될 때까지도 영화 〈지금 우주로 갑니다〉는 후보에 오르지 못했다.

"감독님, 결국 우리 영화는 후보에도 오르지 못했네요……."

관계자들이 심형님 감독을 위로했다. 하지만 심형님 감독은 이 사실을 믿을 수가 없었다. 모두들 극찬하고 100만 관객을 동원한 영화가 영화제에서 후보에 한 번도 오르지 못했다는 것이 이해할 수 없었기 때문이다.

"이건 뭔가 잘못된 거야! 내가 과학자 출신 영화감독이라고 나를 따돌리려는 거라고!"

"감독님, 진정하세요."

"진정할 수 없어! 내가 흑룡영화제에 건의해 보겠어!"

기대가 컸던 만큼 실망도 컸다. 결국 심형님 감독은 직접 흑룡영화제 사무실에 전화를 걸었다. 마침 영화 심사를 맡았던 아인 박사가 전화를 받았다.

"여보세요, 아인 박사입……."

전화를 받은 아인 박사의 말이 끝나기도 전에 화가 난 심형님 감독이 대뜸 따지듯이 말했다.

"이번 흑룡영화제 심사가 공정하지 못했던 것 같아 이렇게 연락을 했습니다!"

"뭐요? 우린 철저하게 공정한 심사를 했습니다! 무슨 뚱딴지같은 소립니까?"

"그럼 관객 수가 100만이 넘은 〈지금 우주로 갑니다〉가 어째서 한 번도 후보에 오르지 않은 겁니까?"

심형님 감독은 전화기가 놓여 있는 책상을 탕탕 치며 물었다. 아인 박사는 그제야 전화를 건 사람이 심형님 감독임을 알고 한숨을 쉬더니 차근차근 대답했다.

"〈지금 우주로 갑니다〉는 많은 관객을 끌어 모았지만, 영화의 질은 낮았습니다. 영화가 완전 엉터리였다고요!"

"우리 영화가 엉터리란 말입니까?"

"우주는 원래 무중력이라 방방 떠야 하는 게 정상 아닙니까? 그런데 마지막 장면에서 글쎄, 멀쩡히 우주정거장에서 걷는 장면이 나오더군요."

너무 화가 난 심형님 감독은 뒷목을 잡았다. 그리고 더 이상 아인 박사와는 이야기가 통하지 않겠다는 생각으로 아예 이 문제를 물리 법정에 맡기기로 했다.

"그것은 구차한 변명입니다! 어쨌든 편파적인 심사를 했으니 당신을 고소하겠어요!"

"나도 무서울 거 없어요. 영화가 엉터리라 상을 못 주는 거야!"

가속도가 중력을 변화시킬 수 있다는 원리가 바로
중력-가속도 등가 원리입니다.

무중력 공간인 우주에서 걸어 다닐 수 있을까요?

물리법정에서 알아봅시다.

 재판을 시작하겠습니다. 먼저 피고 측 변론하세요.

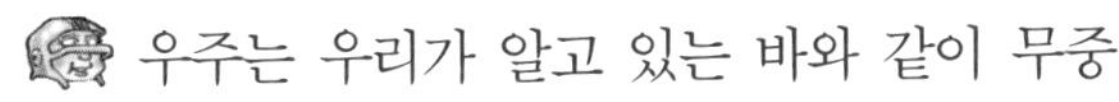 우주는 우리가 알고 있는 바와 같이 무중력 공간입니다. 중력은 물체를 바닥에 떨어지게 하는 힘이지요. 그런데 우주 공간에는 그런 중력이 없으므로 사람이나 물체가 모두 둥둥 떠 있게 됩니다. 그런데 심형님 감독이 짧은 과학 지식으로 이런 엉터리 영화를 만들어 국민들에게 보여준다면 그 영화는 심사 대상에서 제외되는 게 당연하다는 것이 본 변호사의 주장입니다.

 그럼, 이번엔 원고 측 변론하세요.

 우주중력 연구소의 아이슈 박사를 증인으로 요청합니다.

체크무늬 정장에 검은 나비넥타이를 맨 50대 남자가 증인석으로 들어왔다.

 우주는 무중력 공간이죠?

 그렇습니다.

 그렇다면 사람들이 모두 둥둥 떠 다녀야겠네요?

 하지만 무중력 공간에서도 중력을 만들 수 있습니다.

 무중력 공간에서 어떻게 중력을 만들죠?

 엘리베이터를 타고 내려오면 몸무게가 줄어듭니다. 그건 바로 엘리베이터의 가속도 때문이지요. 이렇게 가속되는 방향에 대해 사람은 가속을 싫어하는 관성이 있어서 그 반대 방향으로 관성력이라는 힘을 작용하게 되지요. 이 관성력의 방향은 중력의 방향과 반대이므로 중력을 줄이는 역할을 합니다. 그래서 몸무게가 줄어들게 되는 것이지요. 이렇게 가속도가 중력을 변화시킬 수 있다는 원리가 바로 중력-가속도 등가 원리입니다.

 그 원리와 이번 사건이 무슨 관계가 있지요?

 우주정거장은 도넛 모양으로 만들어져 있습니다. 그리고 이 도넛 모양의 통이 빙글빙글 돌게 됩니다. 즉 원운동을 하지요. 그러므로 원의 중심 방향으로 물체는 구심 가속도를 받게 됩니다. 그런데 물체는 가속되면 그 반대 방향으로 관성력이 작용한다고 했지요? 그러므로 도넛 모양의 원통 바깥쪽 방향으로 관성력이 작용하고, 그 관성력이 중력의 역할을 하게 되어 사람은 지구에서처럼 걸어 다닐 수 있게 되는 것입니다.

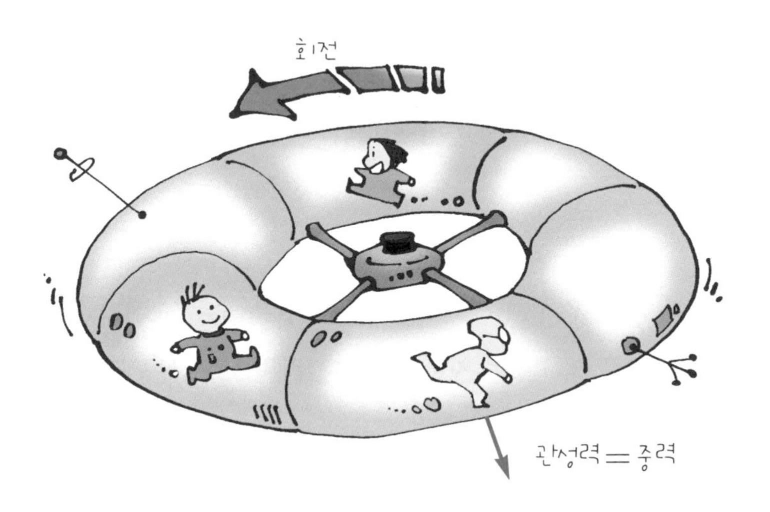

 그렇군요. 그럼 영화 내용에는 과학적으로 전혀 문제가 없군요. 그렇죠, 판사님?

 네, 영화 내용에는 아무 문제가 없는 것으로 밝혀졌습니다. 영화인들이 심형님 감독의 SF영화를 너무 과소평가하고 쉽게 결론을 내린 것 같군요. 심형님 감독의 영화는 과학공화국의 SF영화 수준을 한 단계 업그레이드시킨 작품이고, 과학적으

구심가속도

일정한 속력으로 원운동을 하는 물체의 경우 움직이는 방향이 달라지기 때문에 속도가 달라진다. 그러므로 그 달라진 속도의 차이로 인해 원의 중심 방향을 가리키는 가속도를 받게 되는데 이것을 구심가속도라고 한다.

로 문제가 없으므로 흑룡영화제 위원회는 재심사하여 다시 수상자를 발표할 것을 권합니다. 이상으로 재판을 마치겠습니다.

재판이 끝난 후, 흑룡영화제의 심사위원은 모두 교체되었고, 결국 심형님 감독의 영화 〈지금 우주로 갑니다〉는 감독상과 최우수 작품상을 수상했다.

GPS가 뭐 이래?

GPS에 일반 상대성 이론이 작용될까요?

생활에 필요한 것이라면 무엇이든 발명하는 내가발명 씨가 있었다. 내가발명 씨는 길을 잘 모르는 동생을 위해서 GPS를 발명했다. 자동차에 설치한 GPS는 자신이 원하는 목적지만 입력하면 가는 길을 가르쳐 주었다. 내가발명 씨는 GPS를 발명하고 특허를 내 직접 GPS 회사를 운영했다. 길을 가르쳐 주는 기계라는 말에 많은 사람들이 관심을 보였고, 어느 순간부터 길을 가르쳐 주는 GPS는 불티나게 팔렸다.

난길치 씨 역시 길눈이 어두워 GPS가 꼭 필요한 사람이었다.

"난길치 씨는 GPS 없다며?"

회사원 난길치 씨는 잠시 커피를 마시러 나온 직장 동료에게 GPS에 대해 처음 들었다. 난길치 씨는 길눈이 어두울 뿐만 아니라 세상을 보는 눈도 어두웠기 때문에 그의 휴대폰은 아직 흑백에 단음이었다.

"GPS가 뭔데?"

"어허, 이 사람, 아직 그걸 모르다니! 정말 세상 눈 어둡구먼! 운전 중에 길을 가르쳐 주는 기계야."

"길을 가르쳐 줘?"

유난히 길눈이 어두운 난길치 씨는 길을 가르쳐 주는 기계라는 소리에 눈을 동그랗게 뜨고 동료를 쳐다보았다. 처음 가 보는 길이다 싶으면 여지없이 길을 헤맸기 때문에 '누가 옆에서 길을 가르쳐 줬으면' 하고 생각했던 적이 한두 번이 아니었다.

"응, 길을 가르쳐 주는 낭랑한 여자 목소리가 기계에서 나와. 이건 자네에게 꼭 필요한 물건 아니야?"

"그건 그래……."

난길치 씨는 고개를 끄덕이며 생각했다. 갖고 싶은 욕심은 생겼지만 한두 푼 하는 게 아니라는 소리도 들은 이상 쉽게 살 엄두를 내지 못했다. 하지만 그것만 있으면 이제 어디든지 다닐 수 있다고 생각하자 살며시 입가에 미소가 번졌다. 그리고 드디어 큰 결심을 했다.

"좋아! GPS를 사야겠어!"

"자네가? 우와! 내일은 해가 서쪽, 아니 남쪽에서 뜨겠네."

짠돌이 난길치 씨가 그렇게 한 번에 많은 돈을 쓰는 걸 본 적이 없던 터라 동료는 그저 놀랄 뿐이었다. 난길치 씨도 많은 고민 끝에 내린 결정이었다.

다음 날 난길치 씨는 바로 GPS를 사서 그의 낡은 자동차에 설치했다. 창피를 무릅쓰고 가격을 깎아서 나름 싸게 주고 GPS를 사게 된 것이다.

"이것만 있으면 나도 이제 헤매지 않아도 된단 말이지?"

난길치 씨는 GPS를 닦고 또 닦으며 애지중지했다. 언젠가 요긴하게 쓸 때가 올 거라고 생각하며 지문이라도 묻을까 봐 연신 화면을 닦았다. 그러던 어느 날 드디어 GPS가 쓰일 날이 왔다. 지방으로 세미나를 가게 된 것이다. 자가용으로 한 번도 가 본 적 없는 롱로드시로 가야 했다.

"드디어 이걸 쓸 날이 왔구나! 어디 한번 켜 볼까?"

난길치 씨는 전원 스위치를 켰다. 그러자 화면이 떴고 목적지를 묻는 화면이 나왔다. 난길치 씨는 사용 설명서를 보면서 천천히 롱로드시를 입력했다.

"네, 롱로드시로 출발합니다. 직진하십시오!"

GPS는 정말 낭랑한 여자 목소리로 길을 가르쳐 줬다. 난길치 씨는 신이 나서 휘파람을 불며 여자 목소리가 알려주는 대로 운전을 했다. 직진을 하고 나서 우회전하라는 말이 나왔다. 그는 그대로 우회전을 했다. 그러자 정말 고속도로가 나왔다.

"정말 사길 잘했어. 이렇게 편한 게 왜 이제 나온 거야!"

신바람 난 난길치 씨의 차가 드디어 고속도로에 진입했다. 그리고 얼마 가지 않아 난길치 씨 앞에 두 갈래의 길이 나타났다. 길 위에 표지판을 보니 왼쪽 길은 롱로드시로 가는 길, 오른쪽은 라이덴시로 가는 길이었다. 난길치 씨는 표지판을 보고 왼쪽 길로 가려고 했다.

"오른쪽 길로 가 주십시오."

그러나 GPS가 알려주는 길은 오른쪽 길이었다. 난길치 씨는 왼쪽이 롱로드시라는 표지판을 보고서도 최신 기계인 GPS를 믿고 오른쪽 길로 들어섰다.

"이쪽 길이 아닌 것 같은데……. 그래도 GPS가 이쪽이라고 하니……. 여기가 지름길인가?"

조금 찝찝한 기분을 떨쳐 버릴 수는 없었지만 그래도 이 길이 지름길이라 생각하고 계속 운전을 했다. 그렇게 GPS의 지시대로 가다 보니 계속 시골길로 들어서는 것 같았다.

"롱로드시가 이렇게 시골이었나? 저기 소 울음소리도 들리고……."

GPS가 안내하는 길로 들어서자 비포장 도로의 시골 마을이 모습을 보이기 시작했다. 찻길 양옆으로 드넓게 펼쳐진 논이 시골 마을이란 걸 제대로 알려주고 있었다. 그때 낭랑한 여자 목소리가 다시 들렸다.

"우회전하십시오."

"엥?"

길이라고는 직진 길밖에 없을 뿐더러, 우회전을 하면 당장 차가 논두렁에 빠질 위기였다. 난길치 씨는 그제야 무엇인가 잘못되었다고 생각했다. 하지만 그의 손목시계 시간은 벌써 세미나 시작 시간을 가리키고 있었다.

"이런! 늦겠어."

난길치 씨는 마을을 빠져나와 자신이 왔던 길로 되돌아왔다. 그리고 처음 롱로드시를 가리킨 표지판대로 왼쪽 길로 갔다. 그러자 정말 롱로드시의 환영을 알리는 표지판이 눈에 들어왔다. 그렇게 우여곡절 끝에 세미나 장소에 도착했지만 이미 세미나는 끝난 상태였다. 결국 난길치 씨는 그길로 다시 회사로 돌아왔다.

"자네, 어떻게 된 거야? 세미나에 늦으면 어떡해!"

길을 헤매며 어렵사리 도착한 회사에서는 상사의 꾸중이 난길치 씨를 기다리고 있었다. 하지만 난길치 씨는 가만히 꾸중을 듣고 있을 수밖에 없었다. 이 모든 게 얼마 전 자신이 큰돈을 주고 산 GPS 탓이었기 때문이다. 당연히 난길치 씨는 속이 너무 상했다.

"내가 돈을 얼마나 주고 샀는데! 길도 제대로 안 가르쳐 주고! 괜한 돈만 썼어!"

난길치 씨는 화가 나서 GPS 회사를 물리법정에 고소했다.

GPS에는 중력이 큰 곳에서 시간이 더 천천히
흐른다는 상대성 이론이 적용되어야 합니다.

GPS는 상대성 원리와 어떤 관계가 있을까요?

물리법정에서 알아봅시다.

재판을 시작하겠습니다. 먼저 피고 측 변론하세요.

GPS는 위성을 이용하여 길을 알려주는 위성 추적 장치입니다. 그런데 도로라는 것이 자주 바뀌기 때문에 조금 틀릴 수도 있는 걸 갖고 GPS에만 의존하여 운전한다는 것은 너무 무모한 발상입니다. 그러므로 GPS 회사 측에는 큰 책임이 없다고 봅니다.

원고 측 변론하세요.

GPS 회사의 개발팀장인 뉴통 씨를 증인으로 요청합니다.

머리가 유난히 큰 30대의 남자가 증인석으로 들어왔다.

증인이 GPS를 개발하셨나요?

그렇습니다.

그럼 GPS에 상대성 이론을 적용했나요?

아닙니다. 뉴턴 물리를 적용했습니다.

바로 이것이 문제입니다. GPS에는 반드시 일반 상대성 원리를 적용해야 하는데 말입니다.

피즈 변호사, 그게 무슨 말이죠?

위성은 지구로부터 아주 높은 곳에 떠 있습니다. 그러므로 지구 중심으로부터 위성까지의 거리가 지구 중심에서 지표까지의 거리보다 매우 멀지요. 그런데 중력은 지구의 중심에서 멀어질수록 약해집니다. 그러므로 위성이 있는 곳의 중력이 지표의 중력보다 작습니다. 그런데 일반 상대성 이론에 따르면 중력이 큰 곳에서는 시간이 더 천천히 흐른다고 알려져 있습니다. 그러므로 위성의 시간은 빠르게 흐르고 지표에 있는 자동차의 시간은 천천히 흐르므로 이 시간의 차이를 보정하여 정보를 알려주지 않는다면 GPS는 엉뚱한 경로로 안내하게 되는 것입니다. 그러므로 본 변호인은 이번 사건의 책임이 GPS 회사에 있다고 주장하는 바입니다.

이번 사건을 통해 GPS에는 일반 상대성 이론이 적용되어야 한다는 걸 처음 알게 되었습니다. 하지만 중력에 의한 시간의 늦어짐은 잘 알려진 이론이므로 원고 측 변론이 더 설득력 있다고 여겨져 원고 측의 요구대로 GPS 회사가 책임을 져야 한다고 판결하는 바입니다. 이상으로 재판을 마치도록 하겠습니다.

재판이 끝난 후, GPS 회사들은 상대성 이론의 전문가들을 스카우트하여 상대성 원리에 따른 시간 차이를 보정한 새로운 GPS를 선보였다. 그 후 이와 같은 사고는 더 이상 발생하지 않았다.

중력에 의한 시간 지연

일반 상대성 원리에 따르면 중력이 클수록 시간이 천천히 흐른다. 그러므로 높은 건물의 1층은 옥상에 비해 지구 중심까지의 거리가 짧아 지구의 중력이 커지므로 옥상보다 시간이 천천히 흐르게 된다.

빛이 휜다고요?

상대성 이론에 따르면 빛이 우주에서 휠 수 있을까요?

매해마다 그해에 쓰인 논문을 검토하는 학회가 있었다. 바로 곧은빛학회인데, 논문을 읽어 보면서 혹시 잘못된 점이 있는지, 그리고 부족한 점은 없는지 검토하는 일을 주로 담당했다. 그래서 곧은빛학회는 감사원학회라고 불릴 정도였다. 곧은빛학회에는 회장 확인해 씨와 논문 검토의 관리를 맡은 찾아내 씨가 있었다.

"이번 해에도 정말 많은 논문이 나왔네요."

"그러게 말이야. 연구를 많이 한다는 건 좋은 일이지만 하나하나 검토해야 하는 우리에게는 여간 힘든 일이 아니네."

"그래도 이 일은 우리밖에 할 사람이 없지 않습니까? 며칠 밤을 새워서라도 다 검토해야죠."

책상 위에는 논문이 천장에 닿을 만큼 높이 쌓여 있었다. 오늘 밤새 논문을 읽어야 할 찾아내 씨는 책상 위에 쌓인 논문을 보며 한숨을 내쉬었다.

"오늘도 미니시리즈 〈콜라프린스 1호점〉 보기는 다 틀렸네."

요즘 한창 빠져 있는 미니시리즈도 포기한 채 찾아내 씨는 컵라면 하나를 들고 책상 앞에 앉았다. 밤샘 일을 하면 배가 고프기 마련인데, 그때를 위해서 미리 사 놓은 것이다.

"오동통통~ 넝심 오소리~ 오소리 한 마리 몰고 가세요~."

컵라면에 뜨거운 물을 붓고 기분이 좋아진 찾아내 씨는 노래를 부르며 어서 라면이 익기를 기다렸다. 그리고 그 사이에 높이 쌓인 논문집 한 권을 집어 들었다. 라면이 익을 동안 논문 몇 줄은 읽을 수 있기 때문이었다.

"첫 번째 논문을 읽어 볼까? 잘못된 건 조사하면 다 나와~."

찾아내 씨는 논문 하나를 꺼냈다. 그런데 이것은 논문 제목부터 문제가 있었다.

"빛이 휘어진다고?"

라면에 물을 부어 놓은 것도 잊은 채 찾아내 씨는 빠르게 논문을 읽어 내려갔다. 그리고 다시 읽어 보아도 논문이 잘못되었다고 생각된 찾아내 씨는 밤이 늦었지만 확인해 씨를 불러냈다. 보통 잘못된 논문을 찾기가 하늘의 별따기보다 어렵기 때문에, 확인해 씨가 찾기만 하면 즉각 연락을 달라고 했기 때문이다.

"그래, 어떤 논문인가?"

"그보다 바지가……."

찾아내 씨는 확인해 씨의 다리를 가리켰다. 위에는 셔츠, 넥타이까지 모두 잘 입었는데 바쁘게 나오는 바람에 잠옷바지 차림 그대로 나온 것이다.

"회장님도 햄토리 좋아하시나 봅니다. 하하하!"

햄토리가 여러 마리 그려져 있고, 바지 밑단이 레이스로 마무리된 잠옷이었다. 급하게 나오느라 바지 입는 걸 깜빡한 확인해 씨가 쑥스러운지 다리를 가리며 얼른 화제를 돌렸다.

"그보다 잘못된 논문을 찾아냈다고?"

"네, 운 좋게 처음 잡은 논문이 잘못되어 있더라고요."

분위기가 진지해지자 찾아내 씨도 더 이상 웃지 않고 논문을 확인해 씨에게 보여 주었다.

"스타인이라는 과학자의 논문입니다."

"과학자라…… 근데 뭐가 잘못되었다는 거지?"

"이 논문의 중심 내용은 우주에서 빛이 휜다는 것이지요. 마치 야구에서 공을 던질 때 커브볼처럼요."

"뭐라? 빛이 휘어?"

확인해 씨는 눈살을 찌푸리며 논문을 읽어 나갔다. 정말로 우주에서 빛이 휜다고 주장한 논문이었다.

"빛은 항상 직진으로 가는 것 아닙니까?"

"그렇지. 빛의 직진성은 만고불변의 진리야. 마치 평생 가도 인기 여배우 김휘선이 나를 좋아하지 않는 것처럼 말이야."

"아~, 햄토리가 언제나 변함없이 까만 해바라기 씨를 좋아하는 것처럼요?"

"으흠! 여기서 그 얘기가 왜 나오나?"

"적절한 비유를 찾다 보니…… 하여튼 빛이 곧게 직진하는 것은 어디서나 변하지 않는 사실이죠?"

"그렇지. 우주라고 해서 다를 게 없을 텐데. 스타인이라는 과학자는 그 사실을 모르고 있나 보군!"

두 사람은 이 논문이 잘못되었다고 확신했다. 그래서 절차대로 논문을 쓴 과학자 스타인에게 보낼 경고장을 작성했다.

"곧은빛학회에서 당신의 논문을 검토해 본 결과 잘못된 논문이라고 결정했습니다. 빛은 언제 어디서나 직진합니다. 우주라고 해서 예외일 수는 없습니다. 우주에서는 빛이 커브볼처럼 휜다는 당신의 논문은 잘못되었다고 경고합니다. 이 정도면 됐죠?"

찾아내 씨는 마치 자신이 회장이라도 된 것처럼 뿌듯했다. 주로 경고장은 회장인 확인해 씨가 보내는 것이 관례지만, 잘못된 논문을 빨리 찾은 기쁨에 들뜬 찾아내 씨가 경고장을 작성한 것이다.

"그걸 왜 자네가 쓰는가?"

"그건 제 마음대로~ 뾰로롱~."

"못 말리겠군. 어쨌든 어서 경고장을 보내게. 숭고한 빛의 성질을 오도하지 말라고 덧붙이는 것도 잊지 말고."

"네, 다 작성했습니다. 제가 보내도록 하겠습니다."

이렇게 해서 곧은빛학회에서는 스타인에게 경고장을 보내게 되었다.

얼마 후 빛에 대해 한창 연구 중이던 스타인은 자기 연구실로 발송된 경고장을 보았다.

"내 논문이 잘못되었다고? 그렇지 않아! 내 논문은 정확해!"

스타인은 자신의 논문이 잘못되었다며 경고장을 보내 온 곧은빛학회에 화가 났다. 그는 빛이 우주에서는 휜다는 자신의 논문에 커다란 자신감을 가지고 있었기 때문이다. 스타인은 결국 자신의 논문을 잘못 검토한 곧은빛학회를 물리법정에 고소했다.

상대성 이론에 의하면 천체들의 중력 때문에
우주가 휘어져 있는데, 이 우주에서 빛은
가장 짧은 길로 여행하려고 하므로 빛이 움직이는
경로도 곡선이 된답니다.

우주에서는 빛이 휘어질 수 있을까요?

물리법정에서 알아봅시다.

 재판을 시작하겠습니다. 먼저 피고 측 변론하세요.

 빛이 주어진 공간에서 직진한다는 것은 초등학교 교과서에도 나와 있는 사실입니다. 물론 빛이 공기에서 물로 들어갈 때 꺾이면서 굴절이 되기는 하죠. 하지만 이 경우에도 빛이 커브볼처럼 휘어지는 것이 아니라 빛의 직진성을 유지하면서 꺾이는 것입니다. 그러므로 빛의 직진성도 모르고 논문을 쓴 스타인 박사의 논문은 엉터리라는 게 본 변호인의 주장입니다.

 그럼, 원고 측 변론하세요.

 이번 논문을 쓴 스타인 박사를 증인으로 요청합니다.

머리가 희끗희끗한 60대의 남자가 증인석으로 천천히 걸어 들어왔다.

 스타인 박사께서는 자신의 주장이 옳다고 생각하십니까?

 네, 그렇습니다.

 그럼 빛이 바나나처럼 휘어질 수 있다는 건가요?

 그렇습니다.

 어떻게 그런 현상이 일어날 수 있죠?

 상대성 이론에 의하면 우주는 휘어져 있어요. 우주를 휘어지게 만드는 건 천체들의 중력이지요. 이렇게 휘어진 우주에서 빛은 가장 짧은 길로 여행하려고 하지요. 그러다 보면 공간이 휘어져 있기 때문에 빛이 움직이는 경로는 곡선이 될 수밖에 없어요. 지구 주위에서는 중력이 가장 큰 곳이 태양이 있는 곳이니까 태양 주위가 제일 많이 휘어져 있겠죠? 그러므로 태양 주위를 거쳐 지구로 오는 빛은 곡선 경로를 따라 움직이게 되는 것이지요.

 아하! 그렇군요. 정말 빛이 휠 수도 있군요. 그렇죠, 판사님?

 상대성 이론이 우리를 또 한 번 놀라게 했군요. 질량을 가진 우주의 수많은 천체들이 우주를 휘게 하므로 우주는 복잡하게 휘어져 있고, 그 휘어진 공간을 통해 가장 짧은 경로를 택해 여행을 하기 위해 빛이 바나나처럼 휘어진다는 사실을 알

우주에는 태양처럼 중력이 큰 천체들이 많아 그 부분이 휘어진 구조를 가진다. 그러므로 빛은 휘어진 공간에서 가장 짧은 시간이 걸리기 위해 휘어지게 된다. 중력이 큰 곳 주위에서 빛은 더욱 심하게 휘어진다.

게 되었습니다. 그러므로 스타인 박사의 주장은 과학적으로 매우 옳다고 판결합니다. 이상으로 재판을 마치겠습니다.

재판이 끝난 후, 스타인 박사의 주장대로 개기 일식 때 태양 주위의 별빛이 휘어져 들어오는 것이 관측됨으로써 사실로 판명되었다.

과학성적 끌어올리기

등가원리

아인슈타인은 1905년 특수 상대성 이론을 발표하고 나서 특수 상대성 이론과 중력을 절충시키는 문제를 생각했다. 특수 상대성 이론은 일정한 속도로 움직이는 운동에 대해서만 성립하지만 곡선 운동과 같은 가속도가 있는 운동에서는 성립하지 않기 때문이다. 아인슈타인은 가속도의 원인은 힘이며, 우주에는 질량을 가진 많은 천체들이 있으므로 이들 천체들의 중력이 물체의 가속도 운동에 작용할 것이라고 생각했다. 이 문제에 대해 아인슈타인은 몇 년 동안 많은 고민을 했고, 놀라운 아이디어가 떠오른 것은 1907년 11월이었다.

어떤 사람이 자유 낙하를 한다면 그 사람은 자신의 무게를 느낄 수 없지 않겠는가?

우리가 엘리베이터를 타고 올라갈 때 우리가 느끼는 무게(겉보기 무게)는 원래의 무게보다 커지고, 반대로 엘리베이터를 타고 내려가면서 느끼는 무게는 원래의 무게보다 작아진다.

과학성적 끌어올리기

극단적으로, 내려가는 엘리베이터의 줄이 끊어져 자유 낙하한다면 엘리베이터의 가속도가 중력 가속도가 되므로 우리가 느끼는 무게는 0이 된다. 즉, 무중력 상태를 경험하게 되는 것이다. 이것은 중력이 가속도를 소멸시켰기 때문인 것으로 생각할 수 있다.

순간적으로 무중력을 경험해 보려면 번지점프를 해 보라. 번지점프는 발목을 고무줄에 매달아 높은 곳에서 자유 낙하를 한 뒤에 고무줄의 탄성에 의해 다시 오르락내리락하다가 멈추면 줄을 풀고 내려오는 기구이다. 물론 대부분의 사람들이 높은 곳에서 아래를 내려다보면 아찔한 생각이 들지만, 번지점프의 매력은 자유 낙하운동을 통해 속도가 시간에 따라 증가할 때의 쾌감에 있다.

우주비행사에게 무중력을 훈련시키는 방법으로, 제트기를 타고 고공에 올라가 엔진을 끄고 중력만으로 낙하하게 하는 방법이 있다. 이때 우주비행사는 약 30초쯤 무중력을 느낄 수 있다.

하지만 뭐니 뭐니 해도 사람이 무중력 상태를 가장 잘 느낄 수 있는 방법은 낙하산을 타 보는 것이다. 비행기를 타고 높이 올라가 낙하산을 메고 뛰어내리면 낙하산을 펴기 전까지는 자유 낙하를 하게 되고, 이때 무중력 상태를 직접 경험할 수 있게 된다.

우주 공간은 무중력 상태이다. 따라서 간혹 우주정거장 미르에 있는 우주여행사를 보면 허공에 둥둥 떠다니는 모습을 볼 수 있다. 무중력 상태란 중력이 없는 곳이므로 중력에 의한 가속도가 생기지 않는다. 이러한 우주에서 우리가 우리의 무게를 느낄 수 있는 방법이 있을까?

줄이 끊어진 엘리베이터를 우주 공간으로 옮겨 놓자. 그러면 엘리베이터 속은 무중력 상태가 될 것이다. 이때 엘리베이터에 로프를 매달아 로켓에 연결한 뒤 로켓을 가속시키면 로켓에 의한 가속

도가 엘리베이터 안에 중력을 주게 될 것이다. 따라서 엘리베이터 안에서의 생활은 지상에서의 생활과 조금도 차이가 나지 않을 것이다. 이것은 반대로 가속도가 중력을 만든 결과이다.

이것이 유명한 아인슈타인의 사고 실험인데, 이 실험에 대해 아인슈타인은 중력의 영향은 관측자의 가속도에 의한 영향과 같다는 결론을 얻었다. 이것이 유명한 아인슈타인의 등가원리이다.

1915년 아인슈타인은 중력-가속도 등가원리를 통해 뉴턴의 운동 방정식을 상대성 원리로 일반화하는, 유명한 아인슈타인 방정식을 완성했다.

3차원 뉴턴 역학과 4차원 아인슈타인 역학

뉴턴이 우주를 3차원 공간이고 시간은 독립변수로 간주하지 않은 반면, 아인슈타인은 우주를 시간과 공간 3차원을 합친 4차원 공간(시공간)으로 간주했다. 그럼 4차원이란 무엇인가?

과학성적 끌어올리기

수학의 정의에 따르면 점은 0차원, 선은 1차원, 면은 2차원, 입체는 3차원이다. 그러면 4차원은 무엇인가? 수학에서는 4차원 이상의 입체를 초입체라고 부른다. 이렇게 점, 선, 면, 입체로 4차원의 초입체를 설명하기는 어렵다. 왜냐하면 우리가 3차원 이상의 물체를 본 경험이 없기 때문이다.

우리가 만일 평평한 종이 같은 2차원 공간에서 살고 있다면 우리는 3차원 입체를 볼 수 없을 것이다. 이때 우리가 살고 있는 2차원 세상에 3차원 생명체가 깡충깡충 뛰고 있다면 우리 눈에는 그 생명체가 보였다 안 보였다 할 것이다. 이런 비유에 의해 4차원을 설명하는 것은 그리 어려운 일이 아니다.

앞에서도 얘기했듯이 4차원 자체를 우리가 직접 보는 것이 불가능하므로 우리 자신을 포함한 우리 주변의 세상이 2차원이라고 생각하고, 3차원 생명체가 나타났을 때 어떤 일이 벌어지는가를 생각해 보면 4차원에 대해 조금은 이해할 수 있을 것이다. 우리가 보지 못하는 4차원 세계 또는 4차원 이동은 우리에게 신기한 현상을 보여주므로 많은 공상과학 영화나 만화의 소재가 되어 왔다.

과학성적 끌어올리기

영화 <잃어버린 세계lost in space>에서 주인공이 탄 로켓이 계기 고장으로 태양에 끌려 들어가 정면충돌을 하려는 순간 그들은 4차원 이동 운항법을 써서 위기를 탈출한다. 그러나 그들은 4차원 이동으로 인해 그들이 처음 보는 황량한 우주 공간에서 길을 잃게 된다. 그러면 이 영화에서 얘기하는 4차원 이동이란 무엇인가?

우리가 사과를 자르지 않고는 사과 씨를 꺼낼 수 없다. 그러나 전후, 좌우, 상하의 세 방향과 수직인 제4의 방향으로 이동이 가능하다면 우리는 사과를 자르지 않고 사과 씨를 꺼낼 수 있다.

종이 위에 원을 그리고 원의 중심에 100원짜리 동전을 놓아 보자. 만일 우리가 종이와 같은 2차원 세계에서 사는 2차원 생명체라면 우리는 원 안에 있는 동전을 꺼낼 수 없다. 그러나 우리가 만일 3차원 생명체라면 우리는 동전을 위로 들어 올려 쉽게 동전을 원 밖으로 꺼낼 수 있다.

3차원 이동이 2차원 생명체에게는 신기한 현상으로 보이듯이 4차원 이동은 3차원 생명체인 우리에게 아주 신기하게 느껴질 것이다. 따라서 사람이 갑자기 사라지는 것 같은 일들이 나타나게 된다.

간간이 신문에 나오는 믿어지지 않는 사건들이나 UFO의 출현 등을 4차원 이동으로 생각하는 것도 무리는 아니다.

휜 공간과 리만 기하학

아인슈타인 방정식은 단순히 4차원의 기하를 이용한 것이 아니라 휘어진 4차원 공간의 기하를 이용한다. 4차원 자체도 감이 안 잡히는데 휘어진 4차원이라니……. 이것은 무엇을 말하는가?

팽팽히 잡아당긴 실은 1차원을 나타낸다. 그러나 이 실을 느슨하게 잡으면 실은 휘게 된다. 이것이 휘어진 1차원이다. 휘어지지 않은 1차원 물체는 1차원 공간에 놓이지만 휘어진 1차원 물체가 살기 위해서는 최소 2차원의 공간(면)이 필요하다. 이제 차원을 더 올려 보자. 네모 모양의 깨끗한 종이 한 장은 2차원을 나타낸다. 이 종이의 두 개의 꼭지점을 붙이면 평면은 곡면이 되는데 이 곡면이 휘어진 2차원이다. 휘어진 1차원 물체의 경우와 마찬가지로 휘어진 2차원 물체는 2차원 공간에 놓이지 못하고 최소한 3차원의 공간을 필요로 한다.

그러면 주사위와 같은 3차원 물체(입체)가 휘어지면 어떻게 되는가? 물론 1차원, 2차원 때처럼 휘어진 3차원 물체를 생각할 수 있으나 이 물체를 그리기 위해서는 4차원의 공간이 필요하다. 물론 우리는 4차원 물체나 4차원 공간을 본 적이 없기 때문에 휘어진 3차원 물체를 그릴 수 없지만 1차원, 2차원 때와 같은 논리로 휜 3차원 물체의 존재는 얼마든지 가능하다.

3차원 이상의 휘어진 공간을 그리기 힘들기 때문에 2차원의 휘어진 공간에서 기하학이 어떻게 변하는가를 생각해 보자. 우리가 중학교 수학에서 배우는 기하학은 2차원 평면(휘어지지 않은 2차원 공간)에서의 기하학으로, 기원전 340년경 유클리드에 의해 완성되어 19세기 중반까지 2천 년 이상을 지배해 왔다.

유클리드의 평면기하학에는 증명할 수 없는 몇 개의 공리가 있는데, 예를 들면 '두 개의 평행선은 만나지 않는다' 라든가 '삼각형의 내각의 합은 180도이다' 라는 공리가 그것들이다. 물리에서는 이렇게 증명할 수 없는 명제를 가설이라고 하며 가설이 바뀌면 물리가 바뀌게 된다. 마찬가지로 수학에서도 공리가 바뀌면 새로운 수학이 탄생하는데 19세기 중반에 기하학을 바꾸는 새로운 이론이 탄생한다.

19세기 중반 가우스의 제자인 리만은 곡면(휘어진 면)에서 유클리드의 공리가 바뀐다는 사실을 통해 곡면에서 성립하는 새로운 기하학을 완성했다. 이것이 유명한 리만 기하학이다.

리만 기하학은 수학적으로 아주 어려운 내용이다. 여기서는 우리가 알고 있는 평평한 공간에서의 기하학이 휜 공간에서 어떻게 달라지는가를 간단한 예를 통해 살펴보자.

우선 3차원이나 4차원이 휘어져 있다는 것을 우리가 느끼기 어려우므로 휘어져 있는 2차원 면(곡면)에서의 기하와 휘지 않은 평면에서의 기하의 차이를 살펴보자.

배구공에 아무렇게나 세 점을 매직으로 표시하고 세 점을 이어 삼각형을 그려 보자.

과학성적 끌어올리기

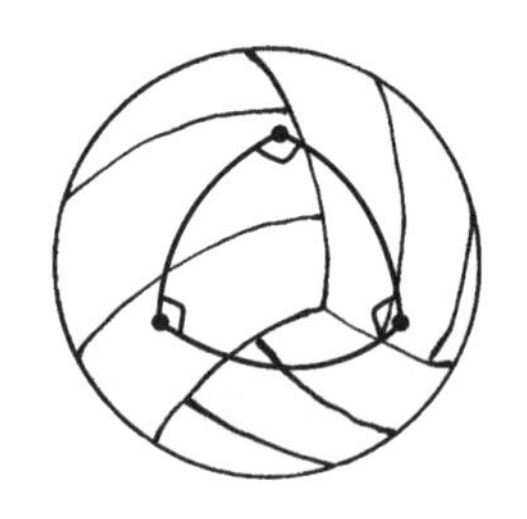

배구공의 면이 휘어져 있으므로 배구공 위에 직선을 그릴 수 없다. 따라서 우리는 세 변이 곡선으로 되어 있는 이상한 삼각형을 보게 된다. 이 삼각형에 대해 세 각의 크기를 각도기로 재 보라. 곡선과 곡선이 만날 때의 사이 각은 두 곡선이 만나는 점에서 두 곡선의 접선을 그려 두 접선의 사이 각을 재면 된다. 이때 배구공 위에 그려진 삼각형의 내각의 합이 180도보다 커짐을 알 수 있다. 그러면 우리가 중 · 고등학교 수학 시간에 배운 '삼각형의 내각의 합은 180도이다' 라는 공리는 틀린 것이다. 꼭 틀렸다고 말할 수는 없지만 내각의 합이 180도가 되는 경우는 그 삼각형이 놓여 있는 면이 휘지 않은 경우에만 성립한다.

리만 기하학에서는 삼각형의 내각의 합만 달라지는 것이 아니다. 평면에서 두 점 사이의 최단거리는 직선이다. 그러나 휜 공간에서는 어떻게 되겠는가. 다시 배구공을 예로 들어 보자. 배구공 위에 두 점을 표시하고 두 점 사이의 거리가 최소가 되도록 선을 이으면 그 선은 곡선이 됨을 알 수 있다. 이 선은 배구공 위의 두 점을 지나고 배구공의 중심을 원의 중심으로 갖는 원의 일부분이 될 것이다. 이렇게 휘어 있는 면에서 두 점 사이의 거리가 최소가 되는 선은 직선이 아니라 곡선이라는 것이 리만 기하학의 중요한 내용이다.

빛의 휨에 대한 사고 실험

투명한 유리로 만든 엘리베이터를 생각해 보자. 이 엘리베이터의 줄이 끊어져 자유 낙하하고 있고, 이때 엘리베이터 안의 사람이 바라보면 엘리베이터 안이 무중력 상태이므로 빛은 직진한다. 그러나 엘리베이터 밖에 있는 지상의 관측자가 보면 빛이 구부러진다는 것을 알 수 있다. 이것은 중력이 빛의 경로를 휘게 만들 수 있음을 의미한다. 이때 엘리베이터 밖의 관찰자는 지구가 만드는 중력을 느끼는 관찰자이다. 물론 이것은 어디까지나 사고 실험일 뿐이다. 그러나 이 사고 실험에 의하면 빛은 중력이 있는 곳에서 휘어져야 한다. 물론 여기서 휜다는 것은 매질 속에서 빛이 꺾이는 것과는 다르다. 엘리베이터가 더 빠르게 자유 낙하하는 경우를 생각하자. 자유 낙하의 속도는 같은 행성인 경우에는 같은 시간 동안 일정하므로 자유 낙하의 속도가 빨라진다는 얘기는 목성처럼 지구보다 중력 가속도가 더 큰 행성에서 자유 낙하하는 경우를 의미한다. 이 경우 빛은 지구에서의 경우보다 더 많이 휘게 될 것이다. 그렇다면 중력이 크면 클수록 빛이 더 많이 휜다고 말할 수 있다.

아인슈타인 방정식

그러면 무엇이 우주 공간을 휘게 하는가? 그것은 앞에서도 언급한 것처럼 중력이다. 중력을 만들기 위해서는 질량이 있어야 한다. 그런데 우주 공간 거의 대부분은 무중력 상태지만 태양과 같이 무거운 별들 주변은 태양으로 인한 강한 중력을 받게 된다. 따라서 빛이 이곳을 지나갈 때 빛은 휘게 된다. 물론 우주에는 태양보다 훨씬 더 무거운 천체들도 많이 있다. 그러한 천체 주변에서의 중력은 태양 주변보다 훨씬 더 크기 때문에 더 많이 휘어져 있고, 빛이 그 주변을 지나갈 때는 더 많이 휘게 된다.

과학성적 끌어올리기

아인슈타인의 일반 상대론은 특수 상대론의 일반화 과정이다. 그러면 여기서 일반화란 무엇을 의미하는가? 앞에서도 언급했듯이 특수 상대론은 뉴턴의 등속운동의 확장이다. 즉 물체의 운동 속도가 빛의 속도에 거의 가까워질 정도로 빠를 때 뉴턴의 등속운동 법칙이 어떻게 변하는가를 언급하고 있다. 등속운동이란 속도가 일정한 운동이다. 따라서 이러한 운동에 대해서 가속도는 0이 된다. 뉴턴의 운동 제2법칙

힘 = 질량×가속도

에서 가속도가 0이면 힘이 0이 되므로 운동 방정식은 별 의미를 갖지 못한다. 일반 상대론은 등속이 아닌 운동으로 특수 상대론을 일반화시킨 이론이다. 따라서 이 경우 뉴턴의 운동 방정식을 4차원 시공간으로 확장한 방정식이 존재하는데 이를 아인슈타인 방정식이라 부른다. 아인슈타인 방정식을 간단하게 묘사하면 다음과 같다.

4차원 시공간의 휜 정도 = 질량 또는 에너지

이 방정식에 의하면 4차원 시공간에 놓인 질량을 가진 물질은 시공간을 휘게 한다는 것이다. 질량이 무거우면 공간은 많이 휘고 질량이 가벼우면 공간은 적게 휜다. 우주 공간에는 많은 질량을 가진 물질들이 분포되어 있다. 지구 주위만 보더라도 태양과 아홉 개의 행성과 그 위성들이 있다. 그러면 지구 주변의 공간을 많이 휘게 하는 천체는 무엇일까? 질량이 클수록 공간이 많이 휘므로 태양이 지구 주변 공간을 가장 많이 휘게 할 것이다. 다시 말하면 태양의 질량 때문에 태양 주변에서 공간이 많이 휘어져 있다는 것이다.

그렇다면 공간이 많이 휘어져 있다는 것이 어떠한 물리적 현상을 가져오는가? 익히 잘 알고 있듯이 빛은 공간 속을 가장 짧은 거리가 되도록 움직인다. 그러면 횡단보도를 무시하고 최단 거리를 가기 위해 무단 횡단하는 사람은 휜 공간에서의 빛에 대응되는가? 천만의 말씀이다. 적어도 빛은 아인슈타인의 방정식에 의한 우주 공간의 법질서를 잘 지키고 있다. 그러나 무단 횡단하는 사람은 인간 사회에 소속된 모든 구성원들에 의해 만들어진 법질서를 무시하는 사람들이다. 시간이 더 걸리더라도 주어진 법질서를 지키고 조금 돌아서 횡단보도를 건너는 사람이 인간 사회에서 최단 거리를 이동한 셈이 된다.

빛의 경우도 마찬가지이다. 태양 주위는 태양의 무거운 질량으로 인해 골짜기처럼 많이 휘어져 있다. 이 휘어진 공간을 인정하며(법을 지키며) 최단 거리를 운동하기 위해서는 빛이 휘어야 한다. 이것은 굴절에 의해 빛이 꺾이는 상황과는 다르다. 굴절의 경우는 빛의 직진성이 유지되고 매질의 차이 때문에 꺾이는 경우지만, 휜 공간에서 빛의 휨은 곡선을 그린다. 아인슈타인은 이 생각을 확인하기 위해 태양 주위에서 빛이 얼마나 휘어야 하는가를 계산하였다. 그 계산 결과는 태양 주변에서 빛이 직선에 대해 약 1.75초 휘어져 와야 한다는 것이었다. 여기서 '초'는 각을 나타내는 단위이다. 우리가 알고 있는 각의 단위는 '도'나 '라디안'이다. 그러면 '초'라는 단위를 '도'로 나타내면 어떻게 되는가?

한 바퀴 = 360도

1도 = 60분

1분 = 60초

이므로

$$1\text{초} = \frac{1}{3600}(\text{도})$$

이다. 따라서 1.75초라는 각은 각도기로 재기 곤란한 아주 작은 각이다. 그렇다면 이렇게 작은 각을 어떻게 관측할 수 있는가?

아인슈타인 방정식대로라면 우주에 질량을 가진 천체들 주변은 천체의 질량으로 인해 휘게 된다. 질량이 큰 별 주변은 많이 휘고 지구나 달같이 질량이 작은 천체 주변은 적게 휜다. 우주에 있는 천체들은 서로 다른 크기와 질량을 가지고 있으므로 우주는 이들에 의해 복잡하게 휘어져 있는 것이다.

그러나 어떻게 중력에 의해 공간이 휜다는 것을 증명할 수 있는가?

지구와 같이 중력이 작은 곳에서는 중력에 의한 일반 상대론 효과를 기대하기는 힘들다. 그러나 지구의 질량의 109배 정도로 무거운 태양 주변은 태양의 강한 중력으로 인해 많이 휘어져 있지 않겠는가? 그럼 휘어져 있는지 그렇지 않은지를 어떻게 알 수 있는가?

평평한 바닥에서 공을 똑바로 굴리면 공은 똑바로 굴러간다. 그러나 움푹 파인 웅덩이를 지나가도록 공을 굴리면 웅덩이 주변이 휘어져 있기 때문에 공이 웅덩이 주변을 지나면서 휘게 된다. 그렇다고 태양 주변으로 공을 굴릴 수는 없지 않은가? 그러면 공 대신 무엇을 이용해야 하는가? 우리는 빛이 직진한다고 배웠다. 좀 더 정확히 말하면 빛은 두 점 사이를 시간이 가장 적게 걸리는 경로를 간다라고 말할 수 있다. 그런데 공간이 휘어 있으면 두 점 사이의 최단 거리가 되는 경로는 직선이 아니라 곡선이다. 빛이 태양 주변의 휘어진 공간을 지나간다면 빛은 태양 주변에서 휘어져야 한다.

아인슈타인은 자신의 방정식을 풀어 태양 주변에서 빛이 휘게 될 것이며 그 휜 각은 1.75초 정도라고 예언했다. 1초라는 각은 1도의 3600분의 1인 아주 작은 각이다. 만일 태양 주변에서 빛이 이러한 각도로 휘어진다면 그것은 아인슈타인의 일반 상대성 원리가 옳다는 것을 보여 주는 하나의 증거가 되는 셈이다.

만일 태양 주변에서 빛이 휘어진다면 태양 주변의 별의 겉보기 위치와 실제 위치 사이에 차이가 생기게 될 것이다. 우선 두 위치에 차이가 있다는 것은 빛이 휜다는 것을 증명하는 셈이다. 또한 그 휜 각은 지구로부터 그 별까지의 거리와 겉보기 위치와 실제 위치 사이의 거리를 구하면, 부채꼴에서 반지름과 호의 길이를 알면 각을 알 수 있듯이 간단하게 구할 수 있다.

빛의 휨의 관측

그러나 태양 주변을 지나는 별빛을 관찰하여 별의 겉보기 위치와 실제 위치를 표시하기에는 태양의 강한 빛 때문에 쉽지 않았다. 따라서 관측 팀은 태양이 달에 의해 완전히 가려지는 개기 일식 때를 기다려야 했다.

1912년 아르헨티나 팀은 개기 일식 때 관측하려 했으나 비가 와서 실패했고, 1914년 독일 관측대는 1차 세계대전으로 관측을 포기했다.

드디어 1919년 아인슈타인이 기다리던 놀라운 관측이 이루어졌다. 1919년 5월 29일 영국은 두 개의 관측 팀을 파견했다. 하나는 에딩턴이 이끄는 기니 관측대로 서아프리카 기니의 프린시페섬에서 관측을 시도했고, 또 하나는 크롬멜린이 이끄는 브라질 관측대로 브라질의 소브랄이라는 지방에서 관측을 시도했다. 관측 원리는 간단하다. 개기 일식이 일어나는 동안 태양 주변에 있는 별들의 사진을 찍는다. 그리고 시간이 더 흘러 그 별들 사이에 태양이 없을 때 다시 별들의 사진을 찍는다. 지구가 태양 주위를 돌기 때문에 별들 사이에 태양이 보일 때도 있고 보이지 않을 때도 있다. 이 두 사진을 함께 올려놓아 보면 별의 위치가 달라져 있음을 알 수 있다. 태양이 없을 때의 별의 위치가 실제 위치이고, 개기 일식 때 찍은 별의 위치는 태양 주변에서 별빛이 휘었으므로 별의 겉보기 위치가 된다. 이 두 위치 사이의 거리가 부채꼴의 호의 길이에 해당하고 별까지의 거리는 여러 가지 방법에 의해 구할 수 있으므로 이 거리가 부채꼴의 반지름이 된다.

'부채꼴의 호의 길이=반지름×사잇각' 이므로 부채꼴의 사잇각을 계산할 수 있다. 이 각도가 바로 별빛이 태양 주변에서 휜 각이다.

과학성적 끌어올리기

1919년 5월 29일 에딩턴(1882-1944)이 이끄는 그리니치 천문대 팀은 드디어 개기 일식 때 아인슈타인이 예언한 빛의 휨을 관측하는 데 성공했다. 그들이 개기 일식 때 태양 주변의 별 7개를 택해 별빛의 휜 각을 계산해 보니 약 1.98초가 나왔다. 한편 크롬멜린이 이끄는 팀도 같은 날 5개의 별을 택해 빛의 휜 각이 약 1.61초임을 알아냈다.

1922년 9월 21일의 개기 일식 때는 그리니치 팀이 별 14개를 택해 휜 각이 1.77초임을, 호주의 빅토리아 팀이 별 18개를 택해 휜 각이 1.75초임을 발표했다.

1919년 11월 6일 에딩턴 그룹은 자신들의 관측 결과를 런던의 왕립 천문학회에 발표했다. 이 발표는 아인슈타인에 의해 예언된 중력에 의한 빛의 휘어짐을 확인하는 사건이었고, 이것은 아인슈타인의 일반 상대성 원리의 위대함을 전 세계에 알리는 혁명적인 사건이 되었다.

발표 다음 날 〈런던 타임즈〉에서는 아인슈타인의 일반 상대성 원리를 '과학의 혁명', '우주의 새 이론', '뉴턴 역학이 깨졌다' 등으로 언급했고, 11월 11일 〈뉴욕 타임즈〉는 '하늘 나라의 빛이 모두 휜다', '아인슈타인 이론의 승리' 등으로 아인슈타인 이론을 격찬했다.

중력에 의한 시간의 늦음

태양의 중력 때문에 빛이 휜다면 어떤 현상이 생길까? 아래 그림처럼 태양 주변에서 빛이 휘어진다고 하자.

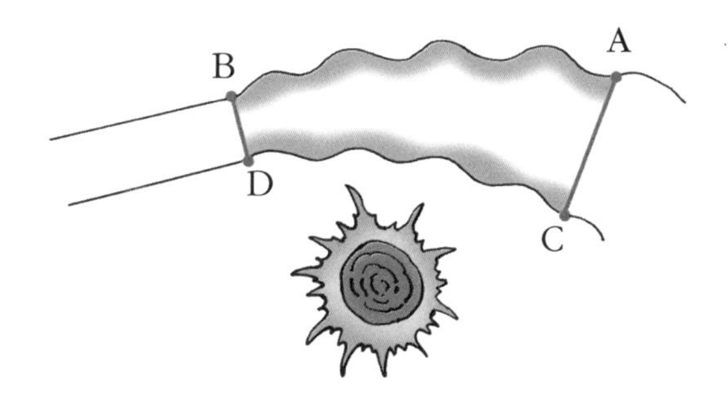

이때 휘어진 빛의 파면을 AC, 휘어짐이 끝난 파면을 BD라 하면 AB의 길이가 CD의 길이보다 길다. 그런데 빛의 속도는 어떤 상황에서도 같아야 하므로 빛이 AB를 지나갈 때나 CD를 지날 때나 빛의 속도는 일정하다. 그렇다면 CD의 길이가 더 짧기 때문에 태양에 가까운 CD를 지날 때 시간이 느리게 가야만 빛의 속도가 같아진다. 태양에 가까운 곳은 먼 곳보다 중력이 더 크므로 중력이 큰 곳에서 시간이 느리게 간다고 말할 수 있다.

만일 두 사람 중 한 명은 높은 건물의 맨 위층에서 평생 동안 살고, 또 한 명은 1층에서 평생 동안 산다면 누가 더 오래 살겠는가? 이론대로라면 1층이 지구 중심에서 가까우므로 중력이 더 커 시간이 느리게 간다. 그러나 지구와 같이 중력이 작은 곳에서 1층과 맨 위층과의 중력 차이에 의한 시간의 느려짐 효과는 거의 피부로 느낄 수 없을 정도이다.

지구도 작은 중력이긴 하지만 중력장을 갖고 있다. 따라서 지구에서도 지구의 중력 때문에 시간이 느리게 가는데 일반 상대성 원리에 의해 그 효과를 계산해 보면 1초에 대해 약 10억분의 1초 정도 느리게 간다. 지구보다 중력이 큰 목성에서는 1초에 대해 약 1000만분의 1초 정도, 태양에서는 약 100만분의 1초 정도 느리게 가며 중력이 아주 센 중성자 별에서는 1초에 대해 10분의 1초 정도 느리게 간다.

제4장

상대론적 우주에 관한 사건

블랙홀 여행

한 번 빨려 들어가면 나올 수 없다고 알려진 블랙홀로
여행을 떠날 수 있을까요?

"네, 지금 과학공화국에서 최초로, 아니 세계에서 최초로 블랙홀로 갈 수 있다는 우주항공국 측의 기자회견이 진행되고 있습니다."

과학공화국 사람들은 모두 하던 일을 멈추고 텔레비전 앞에 모여 앉았다. 방송사마다 우주항공국의 기자회견을 특보로 내보냈다. 텔레비전에서는 흥분한 아나운서가 빠르게 이 소식을 전하고 있었다. 이렇게 온 국민의 관심이 쏠린 것은 한 번 들어가면 빠져나올 수 없다는 블랙홀에 갈 수 있다는 우주항공국의 기자회견 때문이었다.

"정말 블랙홀에 갈 수 있습니까?"

카메라 앞에는 우주항공국 사람들이 줄지어 앉아 있고, 그 맞은 편에는 많은 기자들과 이번 일에 관심을 가지고 있는 시민들이 자리를 메우고 있었다.

"네, 블랙홀에 갈 수 있습니다!"

확신에 찬 홀로출발 씨가 마이크를 잡고 격앙된 목소리로 말했다.

"저희는 블랙홀이 아주 무시무시한 곳이라고 알고 있습니다. 그런데도 그곳에 가려는 이유가 있습니까?"

"도전하는 것이 인간의 의무라고 생각합니다."

사람들은 플래시를 터뜨리며 감탄사를 연발했다. 도전을 두려워하지 않고 자신의 의무라고 생각한 우주항공국 사람들에 대한 경의의 표시였다. 기자들은 한마디라도 놓칠까 봐 열심히 받아 적고 있었다.

"그렇다면 블랙홀까지 어떻게 간다는 거죠?"

"저희 우주항공국에서 극비리에 준비한 로켓이 있습니다. 이 로켓을 타고 블랙홀에 들어갈 수 있습니다!"

"정말 대단하군요!"

질문을 했던 기자도 로켓이란 말에 눈이 휘둥그레졌다. 그 자리에 있던 사람들은 이 역사적인 사건을 기록으로 남기기 위해 플래시를 터뜨리느라 정신이 없었다. 다음 날 모든 신문은 우주항공국에서 극비리에 개발한 로켓을 타고 블랙홀로 들어간다는 기사를 1면에 실었다. 기사 옆에는 환하게 웃고 있는 우주항공국 사람들의 사진도 함께 실려 있었다. 그 신문은 블랙홀을 전문으로 연구하는 홀무서워 씨 집에도 배달되었다. 홀무서워 씨는 어젯밤 늦게까지 연구에 몰두하느라 이제야 부스스한 머리에 속옷 차림으로 신문을 가지러 나왔다.

"밤새 무슨 일이 있었나 볼까?"

블랙홀에 대한 연구를 하고 있는 홀무서워 씨 집에는 텔레비전이 없었다. 그래서 온 세상을 떠들썩하게 했던 우주항공국의 블랙홀 탐사 소식도 아침 신문을 보고서야 알게 되었다.

"블랙홀까지 갈 수 있다고?"

신문 1면을 장식한 큰 글씨의 '드디어 블랙홀로!' 라는 제목 을 본 홀무서워 씨는 속옷 차림으로 곧장 신문을 펴 들었다.

"우주항공국에서 야심 차게 준비한 블랙홀 원정은……."

주위의 시선에도 아랑곳하지 않고 홀무서워 씨는 계속해서 신문을 읽어 내려갔다. 그러다가 지금 자신이 속옷 차림인 걸 알게 된 홀무서워 씨는 신문을 들고 얼른 집 안으로 들어왔다.

"정말 블랙홀로 간다는 말이야?"

블랙홀을 연구하는 홀무서워 씨로서는 절대 이해할 수 없는 기사였다.

"여보, 무슨 일이기에 그렇게 화가 나 있어요?"

홀무서워 씨의 아내가 아침을 준비하다가 놀라 물었다.

"아니, 사람들이 블랙홀로 가겠다는군!"

"정말요? 그럼 잘된 거 아니에요? 당신도 한층 더 심도 있는 연구를 할 수 있잖아요."

콧바람을 세게 뿜으며 낮은 목소리로 말하는 홀무서워 씨와는 달리 아내는 기쁜 일 아니냐며 좋아했다.

"아니야, 블랙홀에는 아예 갈 수가 없어."

"왜요? 다른 데도 아니고 우주항공국에서 간다는 건데……."

"블랙홀은 모든 것을 빨아들이잖아. 그건 중력 때문인데, 블랙홀에 가까운 쪽은 큰 중력을 받고 반대로 먼 쪽은 작은 중력을 받아. 그 말은 즉, 어떤 물체가 블랙홀에 들어가면 늘어나면서 결국 파괴된다는 말이라고."

"어머, 끔찍해라!"

아내는 못 볼 것을 본 것처럼 손으로 눈을 가렸다.

"그렇다면 로켓도 끊어질 수 있겠네요. 그럼 안에 탄 사람들 모두 죽을 텐데……."

아내가 걱정스러운 얼굴로 말하자 남편 홀무서워 씨도 고개를 끄덕였다. 블랙홀 전문 연구가인 홀무서워 씨는 이 사실을 우주항공국에 알리기로 했다. 그는 우주항공국에 전화를 걸어 이번 프로젝트를 이끄는 홀로출발 씨와 통화를 했다.

"안녕하세요? 저는 블랙홀 연구가 홀무서워입니다. 다름이 아니라, 이번 프로젝트에 대해서 할 말이 있어서요."

"이번 프로젝트요? 무슨……."

"블랙홀에 가면 모든 게 중력 차이로 인해 파괴됩니다. 분명히 이 프로젝트도……."

"지금 무슨 말씀을 하시는 건지……. 저희는 안전하게 로켓을 타고 들어갑니다."

홀로출발 씨는 살짝 기분이 나빴는지 홀무서워 씨의 말 중간에 끼어들어 말했다.

"블랙홀에서는 모든 게 파괴된다니까요!"

"정말 괜한 걱정을 하시는군요. 블랙홀에도 로켓을 타고는 들어갈 수 있습니다!"

"그러다 로켓이 파괴된다고요!"

"우주항공국을 못 믿으시는 겁니까? 계속 이런 식으로 말씀하시면 당신을 고소하겠습니다!"

결국 우주항공국의 홀로출발 씨와 블랙홀 연구가 홀무서워 씨는 과연 로켓을 타고 블랙홀에 들어갈 수 있는지 물리법정에 의뢰하게 되었다.

사건의 지평선이 넓고 기조력이 작은 블랙홀은
로켓이 파괴되지 않고 여행할 수 있습니다.

블랙홀 안으로 여행할 수 있을까요?
물리법정에서 알아봅시다.

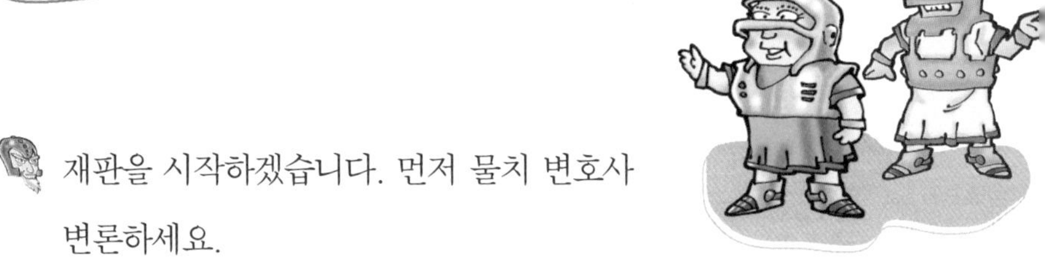

재판을 시작하겠습니다. 먼저 물치 변호사 변론하세요.

블랙홀은 모든 물질을 빨아들이는 우주의 초강력 진공 청소기입니다. 청소기에 빨려 들어간 벌레가 저절로 청소기 밖으로 나올 수 있나요? 그건 불가능하죠? 마찬가지입니다. 블랙홀 안으로 여행할 수는 있지만, 그 안에서 빠져나올 수 없다는 것이 제 생각입니다.

그럼 피즈 변호사, 반론하세요.

블랙홀은 무거운 별이 죽으면서 수축하여 우주에서 아주 큰 중력을 내는 천체입니다. 그러니까 우주 밖으로 나가는 구멍을 만들겠죠. 이때 블랙홀에 무조건 빨려 들어가는 경계를 사건의 지평선이라고 합니다. 그런데 블랙홀에 따라 사건의 지평선이 넓은 것도 있고 좁은 것도 있지요.

그럼 피즈 변호사는 이번 블랙홀 탐사에 아무런 문제가 없다고 생각하는 건가요?

블랙홀 안으로 들어가는 것은 불가능하다는 것이 많은 과학자들의 주장이었습니다. 그들은 그 이유로 기조력을 꼽았죠.

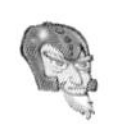
기조력이 뭡니까?

바닷물의 밀물과 썰물이 교대로 일어나는 작용을 조석작용이라고 하는데 이 조석작용을 일으키는 힘이 기조력입니다. 기조력은 달과 지구 사이의 만유인력과 지구의 원심력의 차이를 말하는데, 이렇게 어떤 지점에서 중력의 차이가 생겨 발생하는 힘을 말하지요. 우리가 지구에 서 있으면 자신의 머리 부분이 발 부분에 비해 지구 중심으로부터 더 멀죠? 거리가 멀어지면 중력이 약해지므로 발 부분이 머리 부분보다 더 큰 중력을 받게 됩니다. 이렇게 머리와 발에 작용하는 중력의 차이 때문에 사람은 발이 머리보다 더 강한 힘(중력)으로 끌어당겨져 몸이 길게 늘어나게 되는 것입니다. 물론 지구와 같이 중력이 작은 천체의 경우 머리 부분과 발 부분의 중력 차이는 거의 무시할 수 있을 정도로 작기 때문에 기조력을 느끼지 못하죠. 그러나 중력이 강한 블랙홀에서는 기조력을 무시할 수 없어요. 우리가 로켓을 타고 블랙홀 안으로 들어가면 로켓이 블랙홀의 큰 기조력 때문에 엿가락처럼 길게 늘어나 결국 산산조각 날 것이라는 게 과학자들의 주장이었지요. 과학자들의 계산에 의하면 태양 정도의 질량을 가진 블랙홀의 경우 중심으로부터 10km 떨어진 곳에서의 기조력은 지구 표면의 약 1000만 배 정도이고, 이 정도의 기조력이라면 로켓을 쉽게 파괴시킬 수 있다고 알려졌어요.

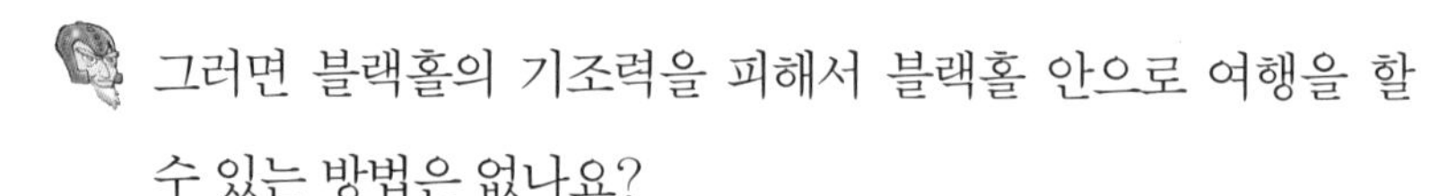
그러면 블랙홀의 기조력을 피해서 블랙홀 안으로 여행을 할 수 있는 방법은 없나요?

아닙니다. 가능합니다.

기조력이 그렇게 큰데 어떻게 가능하다는 거죠?

우주에는 작고 가벼운 블랙홀도 있지만, 은하 중심에 있는 블랙홀은 그 크기가 크고 질량도 큽니다. 그리고 큰 블랙홀은 사건의 지평선이 넓고 기조력 또한 작습니다. 예를 들어 태양 질량의 만 배 정도 되는 블랙홀의 사건의 지평선에서의 기조력은 무시할 수 있을 정도로 작지요. 이러한 블랙홀의 경우엔 로켓이 파괴되지 않고 여행할 수 있다는 게 최근 밝혀진 이론입니다.

그렇군요. 그렇다면 블랙홀 안으로의 여행은 블랙홀의 종류에 따라 가능할 수도 있고 불가능할 수도 있다고 잠정 결론을 내려야겠습니다. 이상으로 재판을 마치도록 하겠습니다.

재판이 끝난 후, 은하 중심에 있는 블랙홀 탐험에 관련된 서적과 영화가 쏟아져 나왔다.

블랙홀은 검은 구멍이라는 뜻이다. 모든 물질을 빨아들이는 곳이라는 뜻에서 마치 모든 색깔의 빛을 흡수하면 검은 물체가 되듯 검은 구멍이라는 이름을 붙였다. 블랙홀이라는 이름은 미국의 천체물리학자인 휠러가 처음 사용하였다.

바다의 블랙홀

어떤 한 시공간의 블랙홀이 다른 시공간으로 이동할 수 있을까요?

이제 막 결혼한 신혼부부가 있었다. 남편은 아월비백이고 아내는 컴히얼이었다. 이들은 부모님의 결혼 반대를 무릅쓰고 다른 나라로 도망가 결혼할 정도로 서로를 사랑하는 사이였다. 그러나 막상 하던 일을 다 내팽개치고 다른 나라로 오자 생계를 꾸려 나갈 직업을 찾기가 힘들었다. 가져온 것은 도망올 때 타고 왔던 배뿐. 결국 아월비백 씨는 그 배로 운송업을 하기 시작했다. 배로 짐을 이 나라에서 저 나라로 옮겨 주고 돈을 받는 일이었다.

"오늘도 많이 힘들었지?"

"아니야, 집에서 애랑 싸우는 당신이 더 힘들 텐데……."

거친 파도와 힘겹게 싸우고 온 아월비백 씨는 아내 앞에서 절대 힘든 티를 내지 않았다. 오히려 이제 막 태어난 아이를 돌보는 아내를 걱정했다. 둘은 항상 서로를 생각하며 바라보았다. 그런 그들에게 청천벽력 같은 일이 생겼다.

"이번에 운송을 부탁한 사람이 최대한 빠르게 해 달래. 그래서 내일부터 버뮤다를 지나서 가야 해."

남편 아월비백 씨는 식사를 하며 담담하게 말했다. 하지만 그 말을 들은 아내는 너무 놀라 포크를 떨어뜨리고 말았다.

"버뮤다로요?"

"응."

남편 아월비백 씨는 고개를 푹 숙인 채 손에 쥐고 있던 빵을 마저 입에 넣었다.

"버뮤다라고 하면 배나 비행기가 자주 사라지는 곳이잖아요. 그걸 알면서도 가려고요?"

"그래도 어떻게 해. 지금 들어온 일이 그것밖에 없는걸. 우리는 당장 내일 먹을 빵도 없는데…… 아무 일 없을 거야. 걱정 마."

아월비백 씨는 눈물을 글썽이는 아내의 손을 잡고 따뜻한 눈길을 보냈다. 아내 컴히얼 씨도 남편을 그렇게 위험한 곳으로 보내기는 싫었지만 당장 아이가 먹을 분유 값도 없었기 때문에 결국 그를 보내고 말았다.

"꼭 살아서 돌아와야 해요. 꼭! 우리 아이를 위해서라도 꼭 돌아와야 해요."

아이를 등에 업고 흐르는 눈물을 소매로 닦으며 아내는 점점 멀어지는 남편의 뒷모습을 바라보았다. 그때까지도 아내는 그 모습이 남편의 마지막 모습이라는 걸 알지 못했다. 그렇게 하루하루가 지났다. 남편이 약속한 20일이 어느새 훌쩍 지났다.

"왜 이렇게 아빠가 오시지 않을까?"

아내는 유난히 울며 보채는 아이를 달래며 남편을 걱정했다. 아내의 걱정에도 불구하고 남편은 한 달이 넘도록 돌아오지 않았다. 결국 남편이 실종되었다고 판단한 아내는 눈물을 머금고 과학수사국에 의뢰했다.

"남편이 나간 게 7월 2일. 그리고 돌아오지 않았다……."

과학수사국의 컬럼보 반장은 비뚤어진 모자를 고쳐 쓰고 아내가 말한 내용을 수첩에 적었다. 그는 펜으로 소리 나게 마침표를 찍고 나서 울고 있는 아내에게 물었다.

"어디로 간다는 말은 없었나요?"

"그게……."

"말했군요! 어디로 간다고 했습니까?"

컬럼보 반장은 아내의 말이 유일한 단서라고 생각하며 아내에게 집중했다. 그러나 아내는 선뜻 대답하지 못했다.

"그게…… 버뮤다를 거쳐서 간다고 했어요. 빨리 가는 길은 그

길뿐이라며…….”

아내는 그렇게 말하고 나서 다시 한 번 눈물을 쏟았다. 컬럼보 반장은 버뮤다라는 소리를 듣더니 수첩에 쓰고 있던 행동을 멈추었다. 이미 전에도 버뮤다로 간 사람에 대한 실종 신고를 받은 적이 많았기 때문에 버뮤다가 어떤 곳인지 잘 알고 있었다.

“버뮤다라…….”

컬럼보 반장은 볼펜을 입에 물고 깊은 생각에 빠졌다. 그리고 힘없는 목소리로 아내에게 말했다.

“저희도 노력해서 찾아보겠습니다. 하지만 큰 기대는 안 하시는 게…….”

컬럼보 반장은 마지막으로 집을 한 번 둘러보고 돌아갔다. 아내는 남편을 찾을 수 있는 마지막 희망이라는 생각으로 과학수사국을 굳게 믿고 있었다. 그렇게 며칠 동안 연락이 없던 컬럼보 반장이 다시 아내 컴히얼을 찾아왔다.

“남편을 찾았나요?”

컬럼보 반장을 보자마자 뛰어 나온 아내가 기대에 가득 찬 눈빛으로 물었다. 하지만 컬럼보 반장은 좀처럼 밝은 기색을 보이지 않았다.

“남편분은 찾지 못했습니다. 아무래도 그곳에 블랙홀이 있어서 빨려 들어간 것 같습니다.”

“뭐라고요? 블랙홀이요?”

"네, 저희는 그렇게 결론을 내렸습니다."

아내는 블랙홀이라는 말에 잠시 휘청거렸다. 하지만 바다에 블랙홀이 있을 거란 생각은 들지 않았다. 컬럼보 반장이 꼭 거짓말을 하고 있는 것 같았다.

"그 말을 저한테 믿으라고요? 바다에 블랙홀이 있다는 게 말이 됩니까?"

"저희는 그렇게 생각하고 있습니다."

"흥! 괜히 수사를 회피하려고 블랙홀 핑계를 대는 거 아니에요?"

마지막 희망이었던 과학수사국이 블랙홀 운운하자 아내는 화가 났다. 그동안 남편을 찾으려고 노력한 것인지도 의심스러웠다.

"아닙니다! 저희가 왜……."

"수사하러 버뮤다까지 가야 하니까 괜히 무서워서 그러시는 거 아니냐고요!"

아내는 남편 생각에 다시 눈물이 났다. 하지만 컬럼보 반장은 고개를 저으며 수사가 종결되었다고 말했다. 분명히 블랙홀에 빠져 다른 우주로 나갔을 거라는 말만 되풀이했다. 결국 아내는 무책임한 수사의 책임을 물어 과학수사국을 물리법정에 고소했다.

상대성 이론에 따르면 우주는 4차원의 시공간이므로
한 시공간의 블랙홀이 다른 시공간으로
이동할 수도 있습니다.

바다에도 블랙홀이 있을 수 있나요?

물리법정에서 알아봅시다.

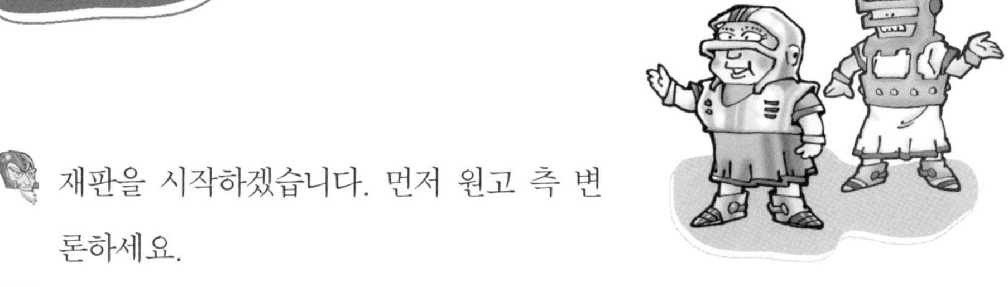

재판을 시작하겠습니다. 먼저 원고 측 변론하세요.

블랙홀은 별이 죽어서 만들어진 천체입니다. 그런데 별이 어떻게 지구의 바다에 있단 말입니까? 정말 무식한 이론이지요. 괜히 버뮤다까지 가기 싫어서 원고 측에게 거짓말하는 거겠죠. 이런 무식한 경찰은 정말 혼을 내줘야 합니다. 안 그렇습니까, 판사님?

물치 변호사, 진정하세요. 그럼 피고 측 변론하세요.

블랙홀 연구소의 나까메 박사를 증인으로 요청합니다.

얼굴이 유난히 거무튀튀한 초라한 행색의 30대 남자가 증인석으로 들어왔다.

단도직입적으로 묻겠습니다. 블랙홀이 지구의 바다에도 생길 수 있습니까?

물론입니다.

블랙홀은 무거운 별이 죽어서 만들어지는 것 아닌가요? 그런데 어떻게 바다에 블랙홀이 만들어진다는 거죠?

상대성 이론에 따르면 우주는 4차원의 시공간입니다. 시공간이란 시간과 공간을 줄여서 표현한 것이고 시간이 1차원을, 그리고 공간이 3차원을 가지고 있지요. 그러므로 우주의 어떤 지점은 시간과 공간을 함께 나타내고 있습니다. 그런 의미에서 보면 어떤 한 시공간의 블랙홀이 다른 시공간으로 이동할 수도 있습니다. 그러므로 블랙홀은 어느 시간, 어느 장소든지 존재할 수 있습니다. 그래서 최근 물리학자들은 갑자기 행방불명되는 미스터리한 사건들을 지구에 갑자기 생긴 블랙홀로 빨려 들어간 것으로 생각하기도 합니다. 하지만 어떻게 블랙홀이 갑자기 만들어졌는지에 대해서는 아직 연구 중이라 구체적으로 알려진 바가 없습니다.

정말 신비롭군요. 갑자기 내가 돌아다니다가 블랙홀에 빨려 들어갈 수도 있다니 말입니다. 판사님, 그렇지 않습니까?

정말 상대성 이론이라는 것이 이렇게 기존의 상식을 깨는 이론인지 몰랐어요. 위대한 물리학자들이 만든 상대성 이론이 현재의 우주를 지배하는 가장 안정된 이론이므로 피고 측 증인의 말을 인정하여 피고 측의 주장대로 버뮤다에 생긴 블랙홀로 빨려 들어갈 가능성도 있다고 판결합니다. 이상으로 재판을 마치도록 하겠습니다.

재판이 끝날 즈음, 갑자기 문이 열리며 누군가 법정 안으로 들어왔다. 그는 놀랍게도 원고의 남편이었다. 그는 버뮤다를 지나가다 잠시 표류하여 무인도에 있다가 극적으로 구출된 것이다.

휠러는 블랙홀이 질량, 각 운동량(회전과 관련된 물리량), 전하량의 세 변수만을 포함하고 있고 그 밖의 성질은 갖지 않는다고 생각했다. 휠러는 중력 붕괴 과정에서 '머리털'이 다 빠져 '머리털' 세 개만 남은 대머리의 모습이 블랙홀이라고 생각했다.

빛보다 빠른 게 있나요?

우주에 빛보다 빠른 속도의 물질이 존재할까요?

"이번 시간에는 빛에 대해서 공부하겠어요."

유달리 과학중학교에서는 물리 수업이 한창이었다. 유달리 과학중학교는 유달리 호기심이 많은 선생님들과 학생들이 모여 그렇게 이름 붙여진 것이다. 호기심이 많아서 그런지 가장 인기 있는 수업은 단연 과학 수업이었고, 그중에서도 물리는 학생들이 가장 재미있어 하는 과목이었다. 인기 미남 슈타인 선생님의 물리 수업은 그중에서도 단연 인기 짱이었다. 또한 슈타인 선생님은 상대성 물리학회 회원으로서 과학에 대한 애정이 남달랐기에 더욱 유익한 수업을 진행할 수 있었다.

"선생님, 빛에 대해서 빨리 말씀해 주세요!"

학생들은 새로운 주제에 기대를 하고 있었다. 이때까지 했던 공식 가득한 물리 수업보다 이렇게 주위에서 볼 수 있는 것들에 대한 설명을 더 기다렸던 학생들은 45분 수업 중 1분이라도 헛되게 보내기 싫어했다.

"알았어요. 얼른 수업 시작할게요."

학생들의 성화에 못 이긴 슈타인 선생님이 수업을 시작했다. 학생들 모두 빛에 대한 기초적인 것들은 알고 있었기 때문에 어느 정도 설명을 끝내고 심도 있는 내용을 다루기로 했다.

"선생님, 그건 우리들 모두 아는 내용이에요. 새로운 걸 가르쳐 주세요."

"맞아요~. 새로운 거요~."

유난히 과학에 관심이 많은 패스트주니어 군이 이렇게 말하자 아이들도 기다렸다는 듯이 따라했다. 패스트주니어 군은 과학자인 아버지 밑에서 자랐기 때문에 과학과 떨어지려야 떨어질 수 없는 삶을 살아왔다. 그래서 과학에 더욱 관심을 갖게 되었고, 결국 아버지와 같은 훌륭한 과학자의 꿈을 안고 유달리 과학중학교에 입학하게 된 것이다.

"아, 그렇다면 제가 문제를 하나 내겠어요. 맞히는 사람에게는 맛있는 사탕을 줄게요."

슈타인 선생님은 학생들의 관심을 모으기 위해 문제에 자주 사탕을 걸었다. 학생들은 문제도 맞히고 사탕도 먹기 위해 초롱초롱한 눈으로 선생님을 주시했다.

"문제가 뭔데요?"

"음……. 이 세상에서 가장 빠른 게 무엇일까요?"

슈타인 선생님이 사탕을 흔들며 문제를 내자 학생들은 골똘히 생각에 빠졌다.

"세상에서 제일 빠른 거? 음, 비행기?"

"아니야~. 비행기보다 빠른 게 있을 거야~. 우리 엄마 잔소리?"

"우하하, 그렇다면 개그맨 노형철의 말?"

학생들은 이것저것 생각나는 대로 말했으나 딱히 답을 아는 사람은 없어 보였다. 그때 수군대는 아이들 틈에서 누군가 손을 번쩍 들었다.

"패스트주니어 군, 답을 알고 있나요?"

아버지가 과학자인 것을 슈타인 선생님도 알고 있었기 때문에 그에게 거는 기대가 컸다.

"그것은 타키온입니다."

"타, 타키온? 그게 뭔데요?"

패스트주니어 군이 확신에 찬 목소리로 자랑스럽게 대답했으나 슈타인 선생님은 고개만 갸우뚱거렸다. 다른 때 같으면 사탕을 던져 주며 정답이라고 말했을 텐데, 이번엔 선생님이 패스트주니어 군에게 다시 되물었다. 솔직히 다른 학생들도 타키온이라는 말은 처음 듣는다.

"타키온이라는 건 빛보다 빠른 물질을 가리키는 말이에요. 오늘 빛에 대해서 배운다고 했더니 아버지께서 가르쳐 주셨죠."

패스트주니어 군은 어깨를 으쓱했다. 다른 친구들이 모르는 것을 혼자만 알고 있다는 생각이 패스트주니어 군의 기분을 좋게 만든 것이다. 마치 친구들 사이에서 우뚝 솟은 기분이었다. 곧 칭찬과 함께 사탕을 받을 거라고 예상했지만 실제로는 그렇지 않았다.

"빛보다 빠른 물질은 없어요. 우리 패스트주니어 군이 잘못 알고 있나 봐요."

슈타인 선생님은 상대성학회 회원으로서 빛에 대해서는 그 누구보다 자신 있었기 때문에 확신을 가지고 패스트주니어 군의 답이 틀렸다고 말했다. 그리고 다른 학생들의 정답을 기다렸다. 그때 잘난 척 잘하는 반장 프라이드 군이 손을 들었다.

"정답은 빛입니다!"

"그렇죠~. 잘했어요. 이 사탕 받아요."

결국 칭찬과 사탕은 프라이드 군이 차지했다.

"분명히 아버지께서 빛보다 빠른 게 타키온이라고 하셨는데……."

패스트주니어 군의 얼굴이 금세 시무룩해졌다. 그리고 집에 돌아오자마자 연구실에 있는 아버지를 찾아갔다.

"타키온이라고 말했다가 괜히 망신만 당했잖아. 물리 선생님이 그런 건 없대."

아버지 패스트 씨는 울고 있는 패스트주니어 군을 달래며 물리 선생님이 잘못 말씀하신 거라고 했다. 그래도 아버지 말을 믿지 않는 패스트주니어 군을 위해 패스트 씨는 직접 슈타인 선생님께 전화를 걸었다.

"저는 패스트주니어 군의 아버지입니다."

"안녕하세요. 안 그래도 오늘 패스트주니어 군이 빛보다 빠른 게 타키온이라고 발표를 해서 제가 연락드리려고 했는데……."

"빛이 가장 빠른 거라고 말씀하셨다고요? 사실 빛보다 빠른 타키온이 존재합니다. 잘못 알고 계신 것 같네요."

패스트 씨가 이렇게 말했으나 슈타인 선생님은 그의 말에 쉽게 동의하지 않았다. 빛보다 빠른 게 존재한다는 얘기는 들어 보지 못했기 때문이다.

"저는 물리 선생님이기도 하지만 상대성학회 회원입니다. 빛보다 빠른 물질이 있다면 질량이나 시간이 허수가 되어 문제가 심각해집니다."

"아닙니다. 분명히 빛보다 빠른 타키온이 존재합니다!"

"도대체 질량과 시간이 허수로 존재하는 물질이 있다는 말씀입니까?"

두 사람은 서로 자신의 의견을 굽히지 않았다. 결국 패스트 씨와 슈타인 선생님은 이 문제를 물리법정에 맡기기로 했다. 과학자와 선생님으로서 이 문제에 대해 정확히 알아야 한다는 생각 때문이었다.

상대성 이론에서는 물체의 속도가 빛의 속도보다
커지면 시간, 거리, 질량이 허수가 되기 때문에
빛보다 빠른 속도는 없다고 합니다.

빛보다 빠른 물질이 있을까요?
물리법정에서 알아봅시다.

 재판을 시작하겠습니다. 먼저 물치 변호사, 변론하세요.

 빛의 속도가 빠른 건 사실이지만 그렇다고 그 빛보다 빠른 물체가 없다고 결론을 내리는 건 너무 심한 것 같습니다. 그리고 저는 왜 빛의 속도보다 빨라지면 물체의 질량이 허수가 되는지 이해할 수 없군요. 세상에는 빛의 속도보다 빠른 물체도 있고, 빛보다 느린 물체도 있습니다. 그러므로 여러 가지 속도로 움직이는 다양한 물체가 있다고 본 변호사는 생각합니다.

 그럼, 이번에는 피즈 변호사 변론하세요.

초광속 연구소의 나광속 박사를 증인으로 요청합니다.

호리호리한 체구를 가진 30대의 남자가 날렵한 동작으로 증인석에 들어왔다.

 빛의 속도보다 빠른 속도를 낼 수 없다는 게 사실인가요?

 그렇습니다.

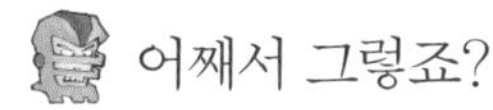
어째서 그렇죠?

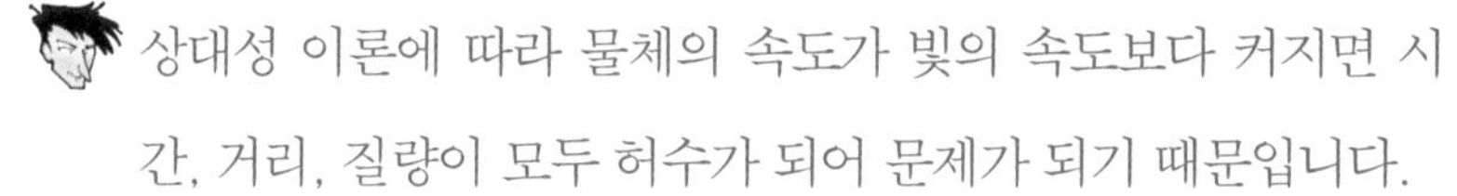
상대성 이론에 따라 물체의 속도가 빛의 속도보다 커지면 시간, 거리, 질량이 모두 허수가 되어 문제가 되기 때문입니다.

허수가 뭡니까?

제곱을 하면 음수가 되는 수입니다.

그런 수가 있나요?

실제로 존재하는 수는 아니지만 수학자들이 가상의 수로 도입한 수입니다. 허수는 제곱근 기호 안에 음수가 있는 수입니다. 예를 들면 $\sqrt{-1}$, $\sqrt{-2}$와 같은 수를 말합니다. 이런 수는 제곱하면 $(\sqrt{-1})^2=-1$, $(\sqrt{-2})^2=-2$가 됩니다. 하지만 우리가 측정하는 시간, 거리, 질량은 실수가 되어야 합니다. 즉 그 수의 제곱은 0 또는 양수가 되어야 하지요.

그럼 왜 허수의 시간이나 질량이 나오는지 설명해 주시겠습니까?

질량의 경우를 예로 들어 봅시다. 정지해 있을 때 질량이 m인 물체가 속도 v로 움직일 때 물체의 질량을 M이라고 하면 $M=\frac{m}{\sqrt{1-v^2/c^2}}$이 됩니다. 여기서 c는 빛의 속도지요. 그런데 v가 c보다 커지게 되면 $\frac{v^2}{c^2}$은 1보다 커지게 되고, 그로 인해 $1-\frac{v^2}{c^2}$은 음수가 됩니다. 그러므로 $\sqrt{1-v^2/c^2}$은 허수가 되고, 정지해 있을 때의 물체의 질량 m을 허수로 나눈 값 역시 허수가 됩니다. 즉 상대성 이론대로라면 정지해 있을 때 실수의 질량을 가졌던 물체가 빛의 속도 이상으로 움직이면 허수의 질량이 된다는 얘기죠. 그래서 상대성 이론에서는 빛보다 빠른 속도는 없다고 얘기하는 것입니다.

 그렇군요. 판사님, 판결 부탁드립니다.

 나광속 박사의 얘기는 잘 들었습니다. 현재의 상대성 이론에 따르면 빛보다 더 빠른 속도의 물질은 없다고 결론을 내려야겠군요. 하지만 모든 이론은 항상 새로운 이론을 위해 잠시 존재하는 것이므로 언제 어느 순간에 상대성 이론을 일반화하는 이론이 나와 빛의 속도보다 더 빠른 물체가 있음을 증명할지 모릅니다. 따라서 지금은, 상대성 이론에 따르면 빛의 속도보다 빠른 물체는 없다고만 언급하겠습니다. 이상으로 재판을 마치겠습니다.

재판이 끝난 후, 빛의 속도보다 더 빠른 물체의 존재를 믿는 일부 물리학자들을 중심으로 아인슈타인의 상대성 이론을 수정하려는 시도가 활발하게 전개되었다.

 **타르디온, 룩손, 타키온**

아무리 빨라져도 빛의 속도에는 도달할 수 없는 물질을 타르디온이라 하고, 빛의 속도로 움직이는 물질을 룩손이라고 한다. 타르디온과 룩손은 빛의 속도를 넘어설 수 없는데, 빛의 속도보다 더 빠른 물질이 있다고 믿는 과학자들은 그 입자를 타키온이라고 불렀다. 하지만 아직까지 타키온은 발견된 적이 없다.

은하 사진이 합성 아니야?

하나의 은하가 여러 개로 보이는 중력렌즈 현상이란 무엇일까요?

"이번에 또 인터넷 얼짱 1위 했다며?"

"어머! 그 소문이 벌써 퍼졌니? 내가 좀 예쁘잖아~."

"이 얼굴은 얼짱이 아닌데?"

"사실 포샵 좀 했지~. 그건 필수야!"

과학공화국에 있는 천체과학여자고등학교 2학년 1반에는 예쁜 척하는 난얼짱 양과 그런 친구를 한심하게 생각하는 최우주 양이 있었다. 이 둘은 어릴 때부터 함께 지낸 단짝 친구인데, 요즘 난얼짱 양이 포샵한 사진을 인터넷에 올려 얼짱 대회에서 1위를 했다는 소식이 학교 안에서 화젯거리에 올랐다.

"도대체 이 얼굴을 어떻게 포샵하면 사진처럼 되는 거냐?"

정말 궁금해 못 참겠다는 최우주 양을 향해 분홍색 빗으로 긴 생머리를 빗으며 난얼짱 양이 새침하게 대답했다.

"그야 하기 나름이지. 포샵을 조금만 해도 다들 속아 넘어가. 모두 그게 진짜 내 얼굴인 줄 알거든~."

"이야! 하여튼 요즘 기술은 대단하다니까."

최우주 양은 엄지손가락을 치켜들며 말했다. 그렇게 예쁜 편이 아닌 난얼짱 양의 얼굴이 마치 연예인 환가인처럼 나온 걸 보면 정말 포샵이 대단하다고 생각했다. 그러나 그들은 천체과학여자고등학교에 재학 중인만큼 과학에도 관심이 많았다.

"아, 이번에 문화예술회관에서 은하 사진 전시회 하는 거 들었어?"

특별히 지구와 우주에 관심이 많은 최우주 양은 기대가 가득 담긴 눈으로 난얼짱 양을 바라보았다. 그러나 난얼짱 양은 고개를 저었다.

"전시회 제목이 〈우주라서 행복해요〉라고 하던데, 재미있겠지?"

"그거 어디서 많이 들어 본 것 같지 않아? 광고에서 들은 것 같은데……."

평소 우주에 관심이 많지 않은 난얼짱 양은 딴청을 부리며 별 관심을 보이지 않았다.

"말 돌리지 말고~! 빨리 보러 가자."

최우주 양은 난얼짱 양의 팔을 잡고 흔들며 가자고 졸랐다. 그러나 난얼짱 양은 찰랑찰랑거리는 머리를 흔들었다.

"난 관심 없는데. 그럼 매점에서 빵 사 주면!"

"으이구! 왜 그 말을 안 하나 했다! 가자, 네 얼굴만 한 단팥빵 사 줄게!"

"야호!"

이렇게 해서 최우주 양과 난얼짱 양은 주말에 은하 사진 전시회에 가게 되었다. 전시회장에 도착하자 이미 많은 사람들이 사진을 구경하고 있었다.

"역시 사람이 많구나."

최우주 양은 사람이 많아서 복잡한 전시회장 안으로 잔뜩 기대를 하고 들어갔다. 하지만 난얼짱 양은 만사가 귀찮다는 표정이다. 넓은 전시회장 안에는 사진들이 줄지어 벽에 걸려 있고, 입구에서는 은하 사진 전시회를 기획한 김픽쳐 씨가 사람들의 반응을 살피고 있었다. 난얼짱 양과 최우주 양은 입구에 걸린 사진부터 차례대로 보기로 했다.

"이것 봐! 우주에서 찍은 지구 사진이야!"

최우주 양은 첫 번째 사진부터 감동을 받은 듯했다. 바다의 푸른색과 구름의 하얀색이 둥근 지구와 절묘하게 잘 어우러지고 있었다. 그러나 최우주 양과 달리 난얼짱 양은 대충 보고 지나갔다. 다음 사진은 우주의 여러 행성들이 찍힌 사진이었다. 최우주 양은 아이마냥 사진 앞에 딱 붙어 한 장 한 장 자세히 보았다. 그렇게 전시회장을 반쯤 돌았을 때 신기한 사진을 한 장 발견했다.

"난얼짱아, 이리 와 봐. 이 사진엔 은하가 이렇게 많아!"

최우주 양은 전시회장에 온 남자를 구경하고 있던 난얼짱 양을 잡아끌었다. 최우주 양이 가리킨 것은 똑같이 생긴 은하가 여기저기 많이 있는 사진이었다.

"내겐 너무 많은 그대? 이게 작품 이름이네."

마치 검은 도화지에 하얀 쌀알을 뿌려 놓은 것처럼 까만 우주에 똑같이 생긴 은하가 셀 수 없을 정도로 많았다. 최우주 양에게 거의 끌려오다시피 한 난얼짱 양은 뭐가 그리 대단하냐며 무심코 작품을 보았다.

"이거 은하가 너무 많은데. 진짜 우주에 이런 게 있단 말이야?"

어느새 두 사람은 나란히 서서 뚫어지게 사진을 쳐다보고 있었다. 우주에 이렇듯 빽빽하게 은하가 있으리라는 생각을 하지 못했던 두 사람은 감탄을 하면서도 한편으로는 이 사진에 의심을 품게 되었다.

"이거 말이야, 은하가 다 똑같이 생겼네."

"응, 그러고 보니 그래. 정말 많지?"

난얼짱 양은 마치 명탐정처럼 팔짱을 끼고 사진을 자세히 들여다보더니 확신에 찬 목소리로 말했다.

"이거 포샵한 것 같은데?"

"응?"

사진에 매료되어 은하에서 눈을 뗄 수 없었던 최우주 양은 포샵이라는 말에 놀라서 난얼짱 양을 쳐다보았다.

"은하가 하나씩 있으면 잘 보이지도 않고 제일 중요한 '멋'이 없잖아. 분명히 여러 개 있는 것처럼 보이게 하려고 포샵 처리한 거야."

두 사람은 실눈을 뜨고 의심스런 눈으로 다시 한 번 사진을 보았다. 은하 모양도 똑같고 개수도 너무 많은 게 충분히 의심받을 만했다.

"그래도 설마…… 포샵 티가 전혀 안 나는데?"

"뭘 모르는구나. 나 같은 전문가는 티 안 나게 포샵할 수 있다고."

최우주 양은 난얼짱 양의 말을 들으며 고개를 끄덕였다. 전에 티 안 나게, 정말 예쁘게 포샵된 난얼짱 양의 사진을 보았기 때문이다. 그 말을 들어 보니 정말 포샵으로 은하의 개수를 늘린 것 같기도 했다.

"그게 사실이라면, 어떻게 이런 사진을 전시할까? 정말 실망이야!"

"그러게 말이야! 사람들이 우주에 저렇게 많은 은하가 있다고 믿을 텐데……."

두 사람은 〈내겐 너무 많은 그대〉라는 작품 앞에서 이 사진은 포샵 처리된 것이라고 결론을 내렸다. 신성한 우주의 모습을 조작해서 전시회까지 열었다는 사실에 화가 난 두 사람은 결국 이 사진을 조작한 전시회 기획자를 물리법정에 고소하기로 했다.

우주에서 중력이 강한 물질이 모여 있는 곳은
렌즈 역할을 하여 은하를 크게 보이게 하거나
여러 개로 보이게 합니다.

왜 똑같은 은하가 여러 개 나타날까요?

물리법정에서 알아봅시다.

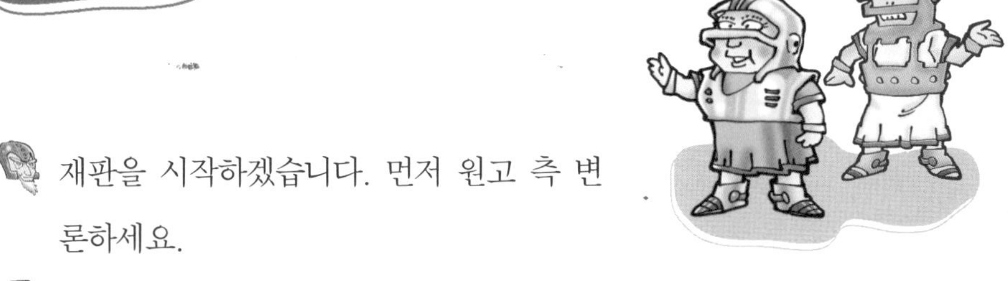

재판을 시작하겠습니다. 먼저 원고 측 변론하세요.

은하가 무슨 복제 양 돌리도 아니고, 어떻게 사진 한 장에 똑같은 은하가 그렇게 많을 수 있죠? 이건 필시 포샵을 해 은하 사진 한 장을 복사해 여러 군데에 합성하여 만든 사진입니다. 우주에 은하가 많은 것처럼 보이게 하려고 그런 거겠죠. 그러므로 본 변호사는 전시회 기획자를 사기죄로 고소하는 바입니다.

그럼 피고 측 변호사, 반론하세요.

중력렌즈 연구소의 나여럿 박사를 증인으로 요청합니다.

얼굴에 여드름 꽃이 활짝 핀 40대 남자가 증인석으로 들어왔다.

 증인, 똑같은 은하의 사진이 여러 개 찍힐 수 있나요?

 물론입니다.

 어떻게 하면 그럴 수 있죠?

 중력렌즈를 사용하면 그렇게 할 수 있습니다.

 처음 들어 보는데, 중력렌즈가 뭡니까?

 아인슈타인의 일반 상대성 원리에 따르면 빛은 중력이 큰 천체 주위를 지날 때 휘어지게 됩니다. 그 천체가 있는 곳이 휘어져 있기 때문이지요. 1987년 미국 키트피크 천문대의 로저 린즈는 와상 성운으로부터 온 빛이 은하단 A370을 통과할 때 볼록렌즈에 의해 빛이 구부러지는 것과 비슷한 현상을 관측했습니다. 이때 성운으로 온 빛이 은하단의 강한 중력 때문에 휘어져 들어와 성운의 크기가 실제보다 훨씬 더 크게 보이는 일이 일어난 거죠. 그게 마치 볼록렌즈를 통해 물체가 커 보이는 것 같아 중력렌즈 현상이라고 부르게 되었지요.

 커 보이지만 하나로 보이잖아요?

 중력렌즈 현상은 지금 많이 관측되고 있는데, 처음 로저린즈가 발견한 것처럼 성운의 크기가 커 보이는 현상 말고도 하나의 은하가 여러 개의 은하로 보이는 현상이 중력렌즈 효과로 생깁니다. 가령 먼 곳의 은하에서 온 빛이 그 은하와 지구 사이에 있는 다른 무거운 은하단의 중력 때문에 굽어지고, 이로 인해 지구의 관측자에게는 여러 개의 은하처럼 보이게 되지요. 이 현상은 은하와 렌즈 역할을 하는 은하단과 지구가 거의 일직선이 될 때만 관측되는 현상인데 이때 여러 개의 은하는 십자가 모양 또는 링 모양을 이룹니다. 십자가 모양으로 관측

되는 경우를 아인슈타인 십자가라 부르고, 링 모양으로 관측되는 경우를 아인슈타인 링이라고 부릅니다.

정말 여러 개로 관찰될 수 있군요.

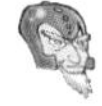
판결하도록 하겠습니다. 우주가 휘어져 있고, 그 휘어져 있는 우주에서 빛이 휘어져서 여행을 하기 때문에 우주에서 중력이 강한 물질이 모여 있는 곳은 렌즈 역할을 하여 원래의 은하를 더 크게 보이게 하거나, 여러 개로 보이게 한다는 걸 알았습니다. 그러므로 이번 전시회는 원고 측이 주장한 대로 사기가 아니라고 판결하는 바입니다. 이상으로 재판을 마치겠습니다.

재판이 끝난 후, 전시회는 더욱더 성황을 이루었다. 사람들이 중력렌즈 현상에 대해 많은 관심을 보였기 때문이다.

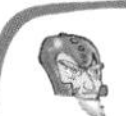
블랙홀에서의 시간

블랙홀에 빨려 들어가는 물체를 멀리서 보면 우리에게는 어떻게 보일까? 우선 블랙홀로 빨려 들어가는 사람은 매우 빠른 속도로 떨어지는 자유낙하를 느낄 것이다. 그러나 밖에서 보고 있는 사람에게는 그 사람이 거의 정지해 있는 것처럼 보이게 된다. 이것은 블랙홀 주변에서의 시간이 천천히 흐르기 때문이다.

우주가 아기를 낳는다고요?

우주가 낳은 아기우주가 정말로 존재할까요?

"저 별은 나의 별~ 저 별은 너의 별~."

우주과학자 기딩이 옆에 있는 커다란 곰 인형 팔에 팔짱을 끼고 하늘에 떠 있는 별을 세고 있다. 그는 버터처럼 느끼한 목소리로 중얼거리며 곰 인형의 머리를 쓰다듬었다. 그러다 갑자기 벌떡 일어나더니 곰 인형 머리에 꿀밤을 쥐어박았다.

"에이! 언제까지 곰 인형이랑 이래야 하는 거야! 나도 아내가 있었으면 좋겠다!"

그렇다. 기딩은 의도하지는 않았지만 아직 솔로다. 이 나이가 되도록 여자친구 하나 없어 결국 독신의 길로 접어들게 될 것 같은 노총각인 것이다. 기딩이 용기가 없어서 여자친구가 생기지 않은 건 아니었다. 그는 길을 지나가다가 마음에 드는 여자가 있으면 당장 작업을 걸 정도로 용기 있는 남자였다.

"저기, 커피 한 잔 하시겠어요?"

"저, 커피 안 마시거든요."

그러나 어쩐 일인지 아름다운 여인들은 모두 손에 스타볶음 커피가 쥐어져 있음에도 불구하고 커피를 안 마신다는 핑계로 기딩을 거부했다.

"손에 들고 있는 건 커피가 아니라 코피인가? 싫으면 싫다고 하던가. 쳇!"

기딩은 여자에게 차인 스트레스를 자신의 직업인 우주를 연구하는 데 풀었고, 여러 여자에게 차인 덕분인지 다른 과학 분야에서는 초보지만 우주과학만큼은 누구 못지않은 실력을 가지고 있었다.

드디어 다른 연인들에게는 축제인 크리스마스가 다가왔다.

"예수님, 오늘은 눈을 많이 내려 주소서. 그래서 모든 커플들이 밖으로 나오지 못하게 하소서!"

기딩은 저주의 기도를 퍼부으며 집 안에서 할 일 없이 텔레비전을 보고 있었다. 특선 영화라고는 싱룡이 나와 늘 싸우던 대로 싸워 주고, 이젠 골탕 먹는 순서까지 외우는 〈니 홀로 집에〉 시리즈를 모두 틀어 주는 정도였다.

"뭐 다른 재밌는 거 없나? 솔로를 더 비참하게 하는구먼."

기딩은 소파에 베개를 베고 누워 채널을 돌렸다. 그렇게 막 눌러대던 리모컨이 한순간 딱 멈췄다. 텔레비전에서는 여인이 고통스러워하며 아기를 출산하는 과정이 나오고 있었다.

"아기를 낳고 있잖아?"

〈크리스마스 베이비〉라는 제목으로 크리스마스 날 아기를 낳는 장면을 보여 주는 프로그램이었다. 땀으로 범벅된 여인의 얼굴이 클로즈업되었다. 아이 낳는 장면을 처음 본 기딩은 화면에서 눈을 뗄 수가 없었다.

"만약 아내가 생긴다면 저렇게 내 아이를 낳겠지? 뭐, 여자친구도 없지만……."

화면은 어느새 산모가 온화한 미소를 짓고 있는 장면으로 바뀌었다. 산모는 방금 낳은 아기를 감격한 얼굴로 바라보고 있었다. 기딩에게는 너무나도 충격적인 영상이었다.

"아이를 저렇게 낳는 거구나. 나도 저렇게 태어났겠지? 내 머리가 커서 우리 어머니는 고생 좀 하셨을 거야."

여자친구가 없으니 아기에 대해서 한 번도 생각해 본 적 없고, 아내가 없으니 당연히 아기 낳는 걸 본 적이 없다. 또한 우주과학에만 관심이 있던 그에게 오늘 본 영상은 머리에서 지워지지 않을 만큼 강한 인상을 주었다. 그렇게 한동안 빠져 들어갈 듯이 텔레비전을 보던 기딩은 무슨 생각이 났는지 자리에서 벌떡 일어났다.

"그래, 이거다! 이거야!"

기딩은 무슨 생각을 했는지 손뼉까지 쳤다. 그러고는 잊어버릴까 봐 베고 있던 베게에 머리에 떠오른 가설을 적어 내려갔다. 그는 이것이야말로 우주과학에서 획기적인 이론이 될 것이라며 서둘러 과학 잡지사에 전화를 걸었다.

"거기 과학 잡지사죠? 저는 우주과학자 기딩인데요. 제가 기가 막힌 이론을 알아냈어요!"

"어떤 이론이기에 그러시죠?"

"아마 들으면 뒤로 꽈당 넘어가실걸?"

자신감 넘치는 기딩의 말에 잡지사 사람은 애가 탔다.

"제목이라도 말씀해 주시죠."

"제 가설의 제목은 '우주가 우주를 낳을 수도 있다'예요. 어때요?"

수화기 너머에서는 정말 의자가 뒤로 넘어가 꽈당 하는 소리가 들렸다. 그 달 과학 잡지의 표지인물은 당연히 기딩이었다. 그런데 기딩의 독사진이 아니라 가설을 적어 두었던 베개까지 함께 찍힌 표지였다. 이 이론은 사람들에게 큰 반향을 불러일으켰다.

"우주가 우주를 낳는다는 얘기 들었어?"

"응, 그게 무슨 개미 퍼먹는 소린가 했어. 어떻게 우주가 우주를 낳니?"

"그건 그래. 그러면 우주에도 할머니 우주가 있고, 고조할머니 우주가 있다는 거잖아."

사람들의 반응은 반반이었다. 기딩의 주장에 긍정적인 반응을 보이는 사람도 있고, 그 가설은 말도 안 된다며 혼자 공상소설을 쓰는 거라고 주장하는 사람도 있었다. 그래도 화제가 된 덕분에 과학 잡지는 불티나게 팔렸고, 잡지는 여러 과학자들의 손에 쥐어졌다.

"엥? 이번 표지 얼굴, 너무 신경 안 썼다."

기딩의 사진이 표지에 실린 과학 잡지는 과학자 못믿어 씨의 집에도 배달되었다. 홀로 연구실을 차리고 연구에 몰두하는 과학자였기에 바깥세상과 소통하는 수단은 오직 과학 잡지뿐이었다. 그래서 못믿어 씨는 지금 한창 화제인 기딩의 가설을 그제야 알게 된 것이다.

"얼굴은 그렇다 치고, 이 생뚱맞은 가설은 또 뭐야?"

못믿어 씨는 기딩의 가설이 생뚱맞다고 생각하면서 우주가 우주를 낳는다는 가설을 읽어 내려갔다. 기사를 다 읽은 그는 퍼그 강아지처럼 잔뜩 찡그린 얼굴로 과학 잡지를 책상 위에 던져 버렸다.

"난 이 가설을 인정할 수 없어. 우주가 남녀가 있는 것도 아니고 무슨 아기를 낳는단 말이야!"

워낙 이거다 한 번 생각하면 마음을 바꾸지 않는 성격이라 못믿어 씨는 처음부터 믿지 못한 이 가설을 말도 안 된다고 생각했다. 틀린 걸 보면 참지 못하는 못믿어 씨는 당장 기딩에게 전화를 걸었다.

"네, 우주가 우주를 낳는다는 가설로 요즘 한창 인기를 끌고 있어서 눈코 뜰 새 없이 바빠진 천재 우주 과학자 기딩입니다. 방송 스케줄은 저의 매니저를 통해……."

"이보슈, 나는 방송 때문에 전화를 건 게 아니오!"

"아~ 그럼 잡지 인터뷰인가요? 초상권 때문에 제 사진은 못 찍거든요?"

"그게 아니라 나는 당신 가설이 잘못됐다고 말하려고 전화 건 거요!"

"네?"

기딩은 그제야 정신을 차리고 전화를 받으면서 사인을 하고 있던 왼쪽 손을 멈췄다.

"그게 무슨 말씀인가요? 저의 천재적 가설을 못 믿겠다는 말씀입니까?"

"그렇소! 우주가 우주를 낳는다는 게 말이 됩니까?"

"그게 왜 말이 안 됩니까?"

"우주에 남자 여자가 있답니까? 그런 것도 아닌데 아기를 낳는 것처럼 우주를 낳는다니, 이게 말이 되는 소립니까?"

못믿어 씨는 큰 소리로 몰아붙였다. 기딩은 머리가 아픈지 손으로 머리를 지그시 누르며 말했다.

"가능합니다. 우주가 우주를 낳는 건 가능합니다."

"아니, 이 사람이 개념을 안드로메다 지하 창고에 두고 오셨나? 말이 안 된다니까요!"

결국 못믿어 씨는 화를 버럭 내며 입에 있던 침이 수화기에 튈 정도로 흥분했다. 하지만 기딩은 자신의 가설에 어느 정도 확신을 가지고 있기 때문인지 여유로운 모습이었다.

"제 개념은 머릿속에 있습니다. 이렇게 계속 제 가설을 걸고넘어지면 법적 절차를 밟을 수밖에 없습니다!"

"흥! 나도 원하는 바요. 법정에서 밝혀 봅시다!"

결국 기딩과 못믿어 씨는 물리법정에서 가설의 시시비비를 가려 보기로 했다.

블랙홀의 웜홀을 통해 빨아들인 물질이 이동하여
화이트홀로 배출되는데, 이때 배출된 물질들이 모여
아기우주를 만듭니다.

우주가 아기를 낳을 수도 있나요?

물리법정에서 알아봅시다.

 재판을 시작하겠습니다. 먼저 물치 변호사, 의견 말씀하세요.

 우주가 아기를 낳는다고요? 우주가 사람이나 동물입니까? 아기를 낳게? 정말 말도 안 되는 가설이군요. 아무리 새로운 가설이 새로운 이론을 만든다고는 하지만, 요즘 가설을 너무 남발하고 있는 게 아닌가 우려되는군요. 이러다가 우주가 결혼하는 가설도 세워야 하는 거 아닌지 모르겠어요. 판사님도 그렇게 생각하지 않으십니까?

 전, 잘 모르겠어요. 그럼 피즈 변호사, 의견 말씀하세요.

 피고인, 기딩 박사를 증인으로 요청합니다.

노란 머리가 유난히 반짝거리는 40대 남자가 증인석에 앉았다.

 증인은 우주가 아기를 낳을 수 있다고 주장했지요?

 그렇습니다.

 우주가 어떻게 아기를 낳는단 말입니까?

우주에는 블랙홀이라는 구멍이 있습니다. 그런데 블랙홀을 통해 물질을 빨아들이면 좁고 긴 통로를 통해 물질이 이동하는데 이 통로를 웜홀이라고 부르지요. 그리고 웜홀 끝에는 블랙홀과 반대로 물질을 모두 배출하기만 하는 구멍이 있는데 이것이 화이트홀입니다. 그러므로 블랙홀을 통해 빨아들인 물질을 웜홀을 거쳐 화이트홀을 통해 배출하면 그 물질들이 모여서 새로운 우주를 만들어 내는데, 그것이 바로 아기우주입니다. 즉 우주가 낳은 우주지요.

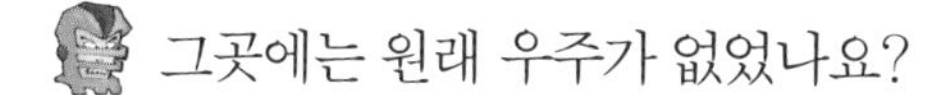
그곳에는 원래 우주가 없었나요?

우주란 물질이 있는 곳을 말합니다. 그리고 물질이 없는 곳을 진공이라고 하지요. 그러므로 진공인 지역에 물질이 생기면 그 지역은 더 이상 진공이 아니라 우주가 되는 거예요.

그렇군요. 그런 방법으로 우주를 만들 수 있군요. 그런데 웜홀이 새로운 아기우주만 만드나요?

그렇지는 않습니다. 웜홀을 통해 화이트홀이 진공으로 연결되면 우주를 낳게 되지만 웜홀이 휘어져 다시 우리 우주의 어떤 지역에 화이트홀을 만들게 되면 우주의 물질이 다른 지역으로 이동하게 됩니다. 물론 웜홀을 통해 이동하기 때문에 우리 우주에 이동한 흔적은 남지 않게 됩니다.

그렇군요. 아무튼 우주가 아기를 낳는다는 것은 사실이군요. 그렇죠, 판사님?

 증인의 말을 듣고 보니 이해가 되는군요. 우주가 아기를 낳고 다시 아기우주가 아기를 낳고, 이런 식으로 우주가 많이 생길 수 있다는 기딩 박사의 가설은 설득력이 있습니다. 그러므로 기딩 박사의 가설은 충분히 연구 검토할 만한 가설임을 인정합니다. 이상으로 재판을 마치도록 하겠습니다.

재판이 끝난 후, 딸만 셋을 입양한 기딩 박사는 아기우주를 딸우주로 부르자고 주장했고, 이 제안이 학회로부터 인정받아 아기우주를 딸우주로 부를 수 있게 되었다.

사과를 잘라 보면 우연히 벌레가 지나간 길을 볼 때가 있다. 이때 사과의 면을 우리의 우주라고 하면, 벌레가 지나간 길은 우리 우주의 두 지점을 우리 우주를 지나지 않고 연결한 길이다. 이것을 웜홀이라고 하는데 휠러가 이 용어를 처음 사용하였다.

과거로 갈 수 있나요?

영화에서처럼 실제로도 타임머신을 타고 과거로 여행할 수 있을까요?

일요일 오전 시간대에 시청률이 가장 높은 프로그램은 〈무비 탐험 신비의 세계〉이다. 이 프로그램은 그 주에 개봉되는 영화들을 소개하고, 그중 하나를 뽑아 좀 더 깊고 자세하게 분석해 준다. 그래서 영화를 자주 보는 신세대들에게는 〈무비 탐험 신비의 세계〉 시청이 빠트릴 수 없는 주말 일과가 되어 버렸다.

"일요일을 잘 보내고 계시는지요. 오늘도 여러분에게 새로 개봉할 영화들을 미리 선보이는 무비 탐험 신비의 세계가 열렸습니다."

이 프로그램의 진행자인 영화만봐 씨가 오프닝 인사를 했다. 그리고 바로 오늘 집중적으로 소개할 영화에 대해 말했다.

"네, 오늘 집중 탐구 코너에서 만나 볼 영화는 SF 판타지 〈과거로 간 사나이〉입니다. 오랜 제작 과정과 타임머신이라는 색다른 소재로 여러분들의 많은 관심을 끌고 있는데요. 오늘은 이 영화를 집중 탐구해 보겠습니다. 도움말을 주실 영화 평론가 스필햄버거 씨를 모셨습니다."

진행자 옆에 선 스필햄버거 씨가 꾸벅 인사를 했다. 평소 잘 웃지 않는 시니컬한 이미지의 스필햄버거 씨는 영화계에서 알아주는 영화 평론가이다. 그는 절대 감정에 치우치지 않고 항상 이성적으로 이야기하는데, 그 점 때문에 이 프로그램에서도 스필햄버거 씨를 자주 초대했다.

"안녕하세요? 스필햄버거입니다."

오늘도 역시나 간단한 인사를 마치고 다시 무표정한 얼굴로 돌아왔다. 진행자인 영화만봐 씨가 다시 〈과거로 간 사나이〉에 대해 소개하자 화면이 영화의 한 부분을 보여 주었다.

"네, 이 영화에는 브라운이라는 천재 박사와 플라이라는 자동차를 좋아하는 학생이 나옵니다. 브라운 박사가 미래와 과거로 가는 자동차를 발명하게 되고, 플라이가 그 자동차를 타고 과거와 미래로 간다는 내용이죠. 아직 실현되지 않은 타임머신 이야기지만 우리의 상상력을 자극시켜 줄 소재와 탄탄한 스토리로 많은 관심을 모으고 있습니다."

텔레비전 화면에서는 계속해서 영화의 주요 장면이 나오고 있었다. 자동차를 타고 과거와 미래로 가는 장면이었다. 일부분이긴 하지만 영화에 집중하기 위해서 내레이션 대신 영화의 오디오가 그대로 소개되었다. 마치 영화관에서 영화를 보는 느낌이었다.

"박사님, 그런데 어떻게 이 자동차가 과거와 미래로 갈 수 있죠?"

"그건…… 아, 그렇지! 번개의 전기라면 갈 수 있을 거야!"

열여덟 살 정도 되어 보이는 플라이는 과거와 미래로 갈 수 있다는 말을 반신반의하며 브라운 박사에게 물었다. 하지만 자동차를 만든 백발노인 브라운 박사도 완벽해 보인다기보다는 약간 엉뚱한 이미지였다.

"번개의 전기로 갈 수 있다고요? 그럼 어떻게 번개의 전기를 모으죠?"

"그건 하늘이 도와줘야 하는데, 그게 바로 지금인 것 같구나."

화면의 그림은 비가 억수같이 쏟아지는 창문 바깥이었다. 해가 없는 하늘은 검은 구름으로 가득했고, 간간이 천둥과 함께 번개가 쳤다. 바로 저 번개를 이용해서 과거와 미래로 갈 수 있다는 말이었다. 플라이는 멍하니 창밖을 바라보고 있었다.

"내가 전기가 통하는 선을 가지고 지붕 위로 올라가마. 너는 이 자동차를 타고 과거와 미래로 여행할 준비나 하고 있어라."

"박사님, 연세도 있으신데 괜찮으시겠어요?"

"나를 뭘로 보느냐? 머리는 이렇게 백발일지 몰라도 아직 힘은

장사다!"

"박사님……."

"그런 안쓰러운 눈으로 보지 마라! 내가 왕년에는 17대 1로 붙어서…… 아, 이럴 때가 아니지. 얼른 가서 전기를 연결하마!"

기회는 지금뿐이라고 생각한 브라운 박사는 창고에서 긴 선을 들고 지붕 위로 어렵게 올라갔다. 그 모습을 안쓰러운 눈으로 바라보던 플라이는 잠시라도 시간을 지체할 수 없다는 걸 깨닫고 자동차 앞좌석에 앉았다.

"그래, 이제 과거와 미래로 가는 거야!"

타임머신을 탔다는 설렘으로 플라이는 핸들을 꽉 쥐고 있었다. 그때 지붕 위에 거의 다 올라간 브라운 박사의 얼굴에 비바람 때문에 몇 가닥 없는 머리카락이 찰싹 달라붙고 말았다. 하지만 그런 것에 신경 쓸 때가 아니었다. 브라운 박사는 두 선을 지붕 위에 있는 기둥에 갖다 대었다. 그때였다. 암흑 속에서 번쩍거리더니 내리꽂는 번개의 선이 기둥 위로 정확히 떨어졌다.

"됐다, 됐어!"

날카로운 번개가 기둥을 통해 브라운 박사가 잡고 있는 선으로 흘러갔다. 그리고 선과 연결되어 있는 자동차로 번개가 통하면서 전기를 전달할 수 있었다. 그 순간 자동차는 감쪽같이 없어졌고, 다음 장면에서 자동차가 과거에 도착한 것을 보여 주었다.

〈무비 탐험 신비의 세계〉에서는 여기까지만 영화를 보여 주었다.

그리고 화면에는 다시 영화만봐 씨와 스필햄버거 씨가 등장했다.

"네, 조금만 봤는데도 참 재밌네요. 영화 평론가이신 스필햄버거 씨는 이 영화를 어떻게 보셨습니까?"

"전형적으로 상상과 과학의 힘을 빈 영화라고 볼 수 있겠지요. 하지만 저는 여기서 하나의 문제점을 발견했습니다."

"네? 문제점이라니요?"

영화만봐 씨는 눈을 동그랗게 뜨고 물었다.

"번개의 전기를 이용해 과거와 미래로 가는 자동차 부분이 잘못된 것 같아요. 저 원리로는 과거로 갈 수 없습니다. 물론 영화에는 상상력이 개입하기 때문에 삭제까지는 하지 않더라도 SF 판타지 영화라기보다 그냥 판타지 영화로 분류하는 게 옳다고 생각합니다. 과학적으로 틀렸는데도 불구하고 SF를 넣는다는 것은 잘못되었잖습니까?"

스필햄버거 씨는 역시 시니컬한 대답으로 영화를 평했다. 진행자인 영화만봐 씨도 고개를 끄덕이며 그 말에 동의하는 것 같았다. 그러나 이 프로그램이 방송되고 나서 그 말에 동의하지 않는 사람이 나타났다. 바로 〈과거로 간 사나이〉를 만든 퓨처 영화사의 대표였다.

"말도 안 돼! 번개로 전기를 만들어 과거로 갈 수 없다고?"

퓨처 영화사 측은 스필햄버거 씨의 평론이 영화의 이미지에 커다란 타격을 주었다면서 그를 물리법정에 고소했다.

웜홀은 시공간의 두 점을 잇는 샛길로, 웜홀 안에서는 시간의 흐름이 느리므로 웜홀을 이용하면 시공간의 두 점을 순식간에 왕래할 수 있습니다.

과거로 가는 방법엔 어떤 것이 있을까요?

물리법정에서 알아봅시다.

재판을 시작하겠습니다. 먼저 원고 측 변론하세요.

사람은 앞으로도 갈 수 있고 뒤로도 갈 수 있어요. 차도 마찬가지고요. 그런데 4차원의 우주에서 우리가 시간 방향으로 이동할 수 있어 미래로 갈 수 있다면 당연히 과거로도 갈 수 있지요. 그런데 뭐가 잘못되었다는 건지 도무지 이해할 수가 없군요. 그렇죠, 판사님?

그건 재판을 지켜보면 알 수 있겠죠. 그럼 이번엔 피고 측 변호인, 변론하세요.

영화 평론가이신 스필햄버거 씨를 증인으로 요청합니다.

머리가 곱슬인 30대 남자가 밝은 미소를 띠고 증인석으로 들어왔다.

미래로 가는 타임머신과 과거로 가는 타임머신의 원리가 다른가요?

그렇습니다. 미래로의 시간 여행은 특수 상대성 원리의 시간이 느리게 가는 효과에 의해 간단하게 설명할 수 있습니다. 움직일수록 움직이는 곳의 시간이 천천히 흐르기 때문에 거의 빛의 속도에 가까운 속도로 로켓을 타면 로켓 안의 시간은 1초밖에 안 흐르지만 지구의 시간은 그 사이에 1년이 흐를 수도 있지요. 이 사람이 로켓 여행을 마치고 그 안에서의 시간으로 1초 후 내리면 지구는 1년이 흐른 상태이므로 결국 이 사람은 1년 후의 미래로 간 것입니다. 이때 이 사람이 탄 로켓은 빛의 속도에 가까운 속도로 달리는 로켓이지요. 하지만 특수상대성 원리로도 과거로의 여행은 설명할 수 없어요.

 그럼 어떻게 과거로 간다는 거죠?

 과거로의 시간 여행은 웜홀에 의해 가능합니다. 웜홀 중에서도 새로운 우주를 만드는 웜홀이 아니라 웜홀의 출구인 화이트홀이 우리 우주에 있는 그런 웜홀이어야 합니다. 웜홀은 시공간의 두 점을 잇는 샛길로, 웜홀 안에서는 시간의 흐름이 극단적으로 느리게 갑니다. 그러므로 웜홀을 이용하면 시공간의 두 점을 순식간에 왕래할 수 있지요.

과거로 가는 타임머신 이론은 1988년 미국의 킵 손이 주장했습니다. 원리는 간단합니다. 우리 우주의 두 지점 A, B를 연결하는 웜홀을 생각하지요. A는 웜홀의 출구인 화이트홀이라 하고 B는 웜홀의 입구인 블랙홀이라 해 보죠. 이때 과거로의 여행을 원하는 사람이 A 근처에 살고 있다고 합시다. 그리고

B는 진동하고 있고요. 진동은 가속운동이므로 B 지점에 중력이 만들어져 B 지점의 시계가 A 지점의 시계보다 느리게 갑니다. 예를 들어 A 지점이 2020년이 되었더라도 B 지점은 여전히 2000년일 수 있지요. 다음, 타임머신 로켓을 타고 거의 시간이 경과하지 않을 정도의 매우 빠른 속도로 2020년에 A 지점을 떠나 B 지점에 도착합니다. 이때 이 사람의 시계는 2000년이 됩니다. 그 순간 B에 있는 웜홀의 입구로 들어가 A에 있는 출구를 빠져나와 자기 집으로 오면 웜홀을 여행하는 데는 시간이 걸리지 않으므로 웜홀 입구로 들어갈 때와 출구를 빠져나올 때는 같은 시각을 가리킵니다. 그러므로 이 사람은 원하는 대로 2020년에서 출발하여 20년 전의 과거로 시간 여행을 하게 되는 것이지요.

정말 알쏭달쏭하지만 조금은 이해가 됩니다. 그렇죠, 판사님?

진동이라는 가속도 운동이 중력을 만들고, 중력이 큰 곳에서 시간이 천천히 흐른다는 성질을 이용하면 과거로 갈 수 있다

영화 백투더 퓨처는 모두 세 편으로 만들어졌는데 1편에서는 과거로 가고, 2편에서는 미래로, 그리고 3편에서는 과거로 갔다가 다시 현재로 돌아오는 내용이다. 이 영화에서 번개의 전기를 모아 아주 빠른 속도로 차를 달리게 하여 미래로 가는 부분은 과학적으로 맞는 내용이지만 과거로 가는 내용은 과학적으로 오류이다. 물론 이 영화가 나올 당시에는 과거로 가는 타임머신의 이론이 만들어지지 않았다.

는 애기군요. 그렇다면 이 가설은 상대성 원리에 전혀 위배되지 않으므로 인정할 수 있는 가설이라는 것이 본 재판부의 의견입니다. 이상으로 재판을 마치겠습니다.

재판이 끝난 후, 영화 〈과거로 간 사나이〉는 과거로 가는 장면을 웜홀을 이용한 여행으로 수정하였다. 그래도 여전히 인기가 좋아 많은 관람객이 그 영화를 보았고, 그해 최고의 작품이 되었다.

블랙홀

우리는 앞에서 태양 질량의 30배 이상인 별의 종말로서 엄청난 질량이 거의 한 점에 모여 있는 상황을 블랙홀이라고 하였다. 그럼 왜 블랙홀이라고 부르는가? 우리는 블랙(검정)이라는 단어를 들으면 물리에서 무엇이 생각나는가? 색의 입장에서 블랙은 모든 빛을 흡수하는 성질을 가진다. 반대로 흰색은 모든 빛을 반사한다.

엄청나게 큰 중력 때문에 빛조차도 한 번 들어가면 빠져나올 수 없는 천체를 사람들은 블랙홀이라고 생각하였다. 일반 상대론에 의하면 중력이 큰 곳에서 시공간은 많이 휜다. 이 휜 공간에서는 빛도 휘어진다. 만일 한 점에 태양 질량의 30배 이상의 질량이 모여 있으면 어떻게 될까? 그때는 휜다기보다는 가늘고 깊은 끝없는 골짜기가 만들어져 우리 우주(시공간)를 빠져나가는 구멍이 되는 게 아닐까? 이렇게 깊고 깊은 골짜기에 물체가 빨려 들어가면 그 물체는 밖으로 도망 나오지 못하게 될 것이다. 이렇게 빛조차도 빠져나올 수 없는 천체를 블랙홀(검은 구멍)이라 불렀다. 블랙홀이라는 이름은 1969년 미국의 휠러가 만들었지만 블랙홀의 아이디어는 1783년 영국의 미첼이 발표했다.

뉴턴 역학으로도 블랙홀을 설명할 수 있다. 우리가 물체를 위로 던지면 그 물체는 어느 높이까지 올라가다가 다시 지구로 떨어진다. 물론 어느 높이까지 올라가느냐 하는 것은 물체를 던질 때의 속도와 지구의 중력가속도와 밀접한 관계가 있다. 어느 속도 이상이 되면 물체는 중력에 의해 땅으로 떨어지지 못하고 중력을 이겨내 그 천체를 탈출하게 되는데 이것을 탈출속도라고 한다.

탈출속도는 천체가 작고 무거울수록 커지는데 지구의 탈출속도는 초속 11.2km이지만 목성의 탈출속도는 초속 60km이고 태양의 탈출속도는 초속 613km 정도이다. 시리우스 B와 같은 백색왜성에서의 탈출속도는 초속 3360km이고 중성자별에서는 탈출속도가 자그마치 초속 19만2000km에 달한다.

별이 중력 붕괴를 일으켜 중성자별보다 훨씬 더 밀도가 크게 되어 탈출속도가 빛의 속도보다 커지면 어떤 일이 일어나겠는가? 탈출속도가 빛의 속도보다 큰 천체가 있다면 이때는 빛도 이 천체를 빠져나가지 못하게 될 것이다. 물론 빛의 속도라 해도 마찬가지이다. 이것을 뉴턴 역학에서의 블랙홀이라고 한다.

태양 질량 정도의 블랙홀은 평균 밀도가 1cm^3당 200억 톤 정도이고 지구가 블랙홀이 되려면 반지름이 4.44mm 정도로 수축해야 한다. 만일 태양이 블랙홀이 된다고 해도 지구를 비롯한 모든 행성들의 궤도에는 변화가 없을 것이다. 그것은 태양과 지구 사이의 중력이 달라지지 않기 때문이다. 따라서 아주 멀리 있는 천체들이 블랙홀에 빨려 들어가진 않는다. 이것은 우주 어딘가에 블랙홀이 있다 해도 지구가 블랙홀에 빨려 들어가지 않음을 의미한다. 그러면 블랙홀에 얼마만큼 접근해야 블랙홀에 빨려 들어가는가?

이 문제를 뉴턴 블랙홀로는 설명하기 곤란하고, 아인슈타인 방정식을 이용해 풀어야 한다. 그러나 아인슈타인 방정식은 매우 복잡하므로 이 방정식을 풀기란 여간 어려운 일이 아니다. 따라서 적당한 가정을 취해 아인슈타인 방정식을 풀게 되는데, 그 가정에 따라 해의 모양이 달라진다.

과학성적 끌어올리기

아인슈타인 방정식을 최초로 푼 사람은 1916년 오스트리아의 슈바르츠실트이다. 그는 구형 대칭성을 가진 진공 상태에 대한 아인슈타인 방정식을 풀어 시공간의 한 점에 물질이 모이면 그 주위에 이상한 경계면이 생기면서 그 경계면 안쪽에서는 빛도 빠져나오지 못한다는 사실을 알아냈다.

이 경계면을 사건의 지평선이라 부른다. 우리는 지평선 위쪽의 물체는 볼 수 있지만 지평선 아래쪽은 볼 수 없다. 예를 들어 지평선 위로 해가 떠오르는 것을 볼 때도 해가 지평선 밑에 있을 때는 우리 눈에 보이지 않는다. 사건의 지평선이라 이름을 붙인 이유는 사건의 지평선 안쪽에서는 시간과 공간이 잘 정의되지 않아 물리적인 법칙이 명확해지지 않기 때문이다. 따라서 어떤 사건을 정확히 기술할 수 없게 되므로 이 경계면을 사건의 지평선이라 부르는 것이다. 다시 말해 사건의 지평선을 블랙홀의 표면이라고 생각할 수 있다.

사건의 지평선의 안과 밖에서는 시간과 공간의 의미가 달라진다. 사건의 지평선 밖의 시간은 미래를 향해 달릴 뿐 멈추거나 과거로 향하게 할 수는 없다. 한편 블랙홀의 내부에서는 모든 것이 특이점을 향해 진행할 뿐 특이점으로부터 멀어진다는 것은 불가능하다. 즉, 특이점으로부터의 거리가 시간의 역할을 하게 된다.

사건의 지평선 안으로 계속 들어가면 강한 중력 때문에 빛도 탈출하지 못한다. 사건의 지평선 안으로 더 들어가면 끝없이 긴 골짜기를 통해 한 점과 만나게 되는데, 이곳은 중력이 무한대가 되는 지점으로 특이점이라고 부른다.

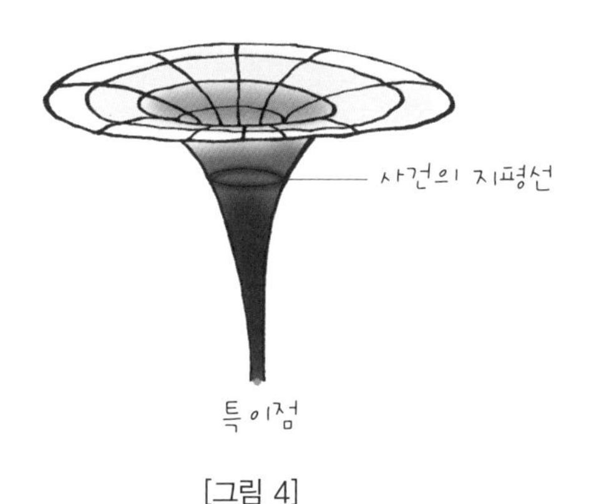

[그림 4]

특이점은 밀도와 중력이 무한대가 되며 그곳에서 시간은 정지하여 기존의 물리법칙이 전혀 성립하지 않는다. 즉 특이점에서는 시간과 공간이 명확하게 정의되지 않으므로 시간과 공간이 뒤죽박죽 되어 버려 기존의 물리 법칙이 통하지 않고, 우리가 알고 있는 인과 관계도 전혀 적용되지 않는, 이름 그대로 특이한 곳이다. 블랙홀의 모습은 특이점을 사건의 지평선이라는 옷으로 감춘 모습이다.

블랙홀을 멀리서 관측할 경우 블랙홀에 빨려 들어가는 빛은 파랑에서 초록, 초록에서 노랑, 노랑에서 빨강으로 변한다. 그리고 빨간 빛은 눈에 보이지 않는 적외선으로 변하고 결국 파장이 무한히 길어진다. 이때 더 이상 빛은 우리 눈에 보이지 않게 된다.

블랙홀의 발견

빛조차 탈출할 수 없는 블랙홀을 어떻게 하면 찾아낼 수 있을까? 블랙홀이 단독으로 존재하는 경우는 그 존재를 알기가 매우 어렵다. 그러나 우주의 별들 중 절반 이상이 두 개의 별이 가까이 붙어 있는 연성계를 이루고 있다. 이때 두 별은 서로의 무게중심 주위를 회전한다. 이때 질량이 큰 별을 주성이라 부르고 질량이 작은 쪽을 동반성이라 부른다.

이때 주성은 동반성보다 무겁기 때문에 더 밝게 빛나고, 그만큼 수소의 핵융합도 빨리 진행되어 별의 진화가 빨리 진행된다. 태어난 지 약 1000만 년 정도 지나면 질량이 큰 주성이 먼저 적색거성이 된다. 1200만 년 정도 지나면 주성은 마침내 초신성 폭발을 일으킨다. 폭발한 별의 바깥 부분의 가스는 초속 1만km나 되는 속도로 우주 공간으로 퍼져 나간다. 동반성도 폭발의 영향을 받는다. 이때 연성계가 깨질 수도 있다. 초신성 폭발로 주성의 내부는 중력에 의해 더욱 수축해 밀도가 매우 큰 중성자별이 된다. 그것이 태양 질량의 30배 이상인 경우 중력에 의한 붕괴를 일으켜 블랙홀이 된다.

5000만 년 이상의 세월이 흐르면 동반성도 점점 커져 적색거성이 된다. 그 팽창한 가스가 주성인 블랙홀의 강한 중력 때문에 블랙홀로 빨려 들어간다. 이때 가스는 회전 에너지를 갖고 있으므로 곧바로 블랙홀로 빨려 들어가지는 않는다. 블랙홀 주위를 회전하는 가스끼리 마찰을 되풀이하면서 회전 에너지가 약해지고 가스는 블랙홀로 빨려 들어간다. 마찰에 의해 가스는 뜨거워지고 온도는 1000만 도에 달해 강한 X선을 방출한다. 결국 블랙홀을 찾아내려면 X선을 방출하는 X선 별을 찾아내야 한다.

그러나 X선 별이 모두 다 블랙홀은 아니다. 백색왜성이나 중성자별도 X선을 방출하는 경우가 있기 때문이다. 하지만 X선을 방출하는 별의 질량이 태양의 3배 이상이라면 그 별은 중성자별이라 할 수 없고 블랙홀이라 할 수 있다. X선을 방출하는 천체가 중성자별인지 블랙홀인지를 구별하는 또 다른 방법으로 X선 자체를 조사하는 방법도 있다. 중성자별에서 나오는 X선은 규칙적이지만 블랙홀에서 나오는 X선은 그 양이 많았다 적었다 하는 등 불규칙적인 것으로 알려져 있다.

현재 유럽의 '엑소샛'을 비롯한 3개의 X선 천문위성이 X선 별을 관측하고 있다. 지금까지 관측된 X선 별은 천 개가 넘는다. 이들의 관측 결과에서 블랙홀의 가장 유력한 후보로 등장한 것이 백조자리의 시그너스 X-1이다. 시그너스 X-1의 질량은 태양의 10배 이상이 될 것으로 보고 있다. 이 밖에도 대마젤란 성운의 X-3도 블랙홀일 가능성이 매우 큰 것으로 알려져 있다.

과학성적 끌어올리기

이러한 블랙홀은 주로 별의 죽음에 의해 만들어진 블랙홀로 크기나 질량에 있어서 작은 편에 해당한다. 그러면 거대한 블랙홀은 없는가?

최근 허블 우주망원경에 의한 관측을 통해 거대 블랙홀의 가장 확실한 증거가 발견되었다. 이것은 타원은하 M87의 중심에 존재하는데 그 크기는 60광년 정도이고 질량은 태양의 24억 배나 되는 높은 밀도의 지역이다. 따라서 이것을 은하 중심의 거대 블랙홀로 생각하게 되었다. 그러나 이것이 거대 블랙홀인지 아니면 은하 중심에 무거운 별들이 빽빽이 모여 있는 성단인지는 확실치 않다.

또한 최근 관측 자료에 의하면 나선은하 NGC 4258의 중심에 반지름이 0.4광년 정도인 고리 모양의 원반이 있고 그 중심에 태양 질량의 3600만 배의 질량을 가진 천체가 있다는 것이 알려졌다. 이 경우는 무거운 별들이 빽빽이 모여 있는 성단으로 볼 수 없으므로 거대 블랙홀의 확실한 증거로 여겨진다. 그 밖에 우리 은하나 안드로메다 은하의 중심에도 거대한 블랙홀이 있을 것으로 추정되고 있다.

웜홀

블랙홀을 자세히 조사해 보면 [그림 4]와 같이 사건의 지평선 저쪽에 특이점을 지나 또 하나의 세계와 이어져 있는 시공간이 나타나 있다는 것을 알 수 있다. 이 일은 처음 1935년 아인슈타인과 로젠에 의해 알려졌는데 그 당시는 이 시공의 터널을 아인슈타인-로젠 다리라고 불렀다. 그들은 아인슈타인-로젠 다리를 통해 우리 우주를 빠져나가 다른 우주로 갈 수 있을 것이라고 생각했다.

그 후 미국의 휠러는 아인슈타인-로젠 다리가 서로 다른 우주로 통하는 터널이 아니라 우리 우주로 다시 되돌아오는 터널로 생각하는 것이 더 사리에 맞을 것이라고 주장하였다. 그리고 이렇게 시공간의 두 지점을 이어 주는 터널을 웜홀이라 불렀다.

웜홀이라는 이름은 벌레구멍이라는 뜻인데 두 지점을 이어 주는 아인슈타인-로젠 다리의 모습이 과일 속에 벌레가 파먹어서 생긴 가느다란 길의 모습과 비슷하다고 해서 붙여진 이름이다. 지금은 아인슈타인-로젠 다리와 같이 우리 우주의 한 지점과 다른 우주의

한 지점을 이어 주는 시공간도 웜홀의 한 종류라고 생각하고 있다.

웜홀의 입구가 블랙홀이라면 출구는 무엇인가? 블랙홀은 물질을 끌어당기는 지역이다. 만일 물질이 웜홀의 입구인 블랙홀로 빨려 들어가 특이점에 의해 짜부러지는 것을 피한다면 그 물질은 웜홀의 출구를 통해 빠져나가야 한다. 그것은 웜홀의 출구는 물질을 분출시키는 곳이어야 한다. 이렇게 모든 물질을 분출시키는 곳을 화이트홀이라고 부른다. 화이트홀이 실제로 우주에 존재하는 천체인지 아니면 이론적인 공상에 의해 만들어진 것인지에 대해서는 아직까지 확실치 않다. 그러면 화이트홀이라고 생각할 수 있는 천체가 있는가? 화이트홀은 모든 물질을 분출하는 곳이다. 보통 천문학자들은 우주의 바깥쪽 가장자리에 있는 퀘이사와 시퍼트 은하들이 물질을 분출하고 있으므로 이것을 화이트홀의 증거로 보고 있다. 그러나 만일 우리 우주에 화이트홀이 존재한다면 화이트홀이 언제 어디서 어떻게 생겨났는지를 알아야 한다. 그러나 불행히도 화이트홀의 생성 원인에 대해서는 알려져 있지 않고, 다만 이것들이 우주 초기에 생성되었을 것으로 생각되어지고 있다.

위대한 물리학자가 되세요

과학공화국 법정 시리즈가 10부작으로 확대되면서 어떤 내용을 담을까 많이 고민했습니다. 그리고 많은 초등학생들과 중고등학생, 그리고 학부형들을 만나면서 서서히 어떤 방향으로 시리즈를 써야 할지 생각이 났습니다.

처음 1권에서는 과학과 관련된 생활 속의 사건에 초점을 맞추었습니다. 하지만 권수가 늘어나면서 생활 속의 사건을 초등학교와 중고등학교 교과서와 연계하여 실질적으로 아이들의 학습에 도움을 주는 것이 어떻겠냐는 권유를 받았고, 전체적으로 주제를 설정하여 주제에 맞는 사건들을 찾아냈습니다. 그리고 주제에 맞춰 사건을 나열하면서 실질적으로 그 주제에 맞는 교육이 이루어질 수 있도록 하는 방향으로 집필해 보았지요.

그리하여 초등학생에게 맞는 물리학의 여러 가지 주제를 선정해 보았습니다. 물리법정에서는 힘과 운동, 전기, 빛, 소리, 유체, 현대 물리, 상대성 원리 등 많은 주제를 각 권에서 사건으로 엮어 교과서보다 재미있게 물리학을 배울 수 있도록 하였습니다.

부족한 글 실력으로 이렇게 장편 시리즈를 끌어오면서 독자들 못지않게 저도 많은 것을 배웠습니다. 그리고 항상 힘들었던 점은 어려운 과학적 내용을 어떻게 초등학생, 중학생의 눈높이에 맞추나 하는 것이었습니다. 이 시리즈가 초등학생부터 읽을 수 있는 새로운 개념의 물리 책이 되기 위해 많은 노력을 기울였으니, 이제 독자들의 평가를 겸허하게 기다릴 차례가 된 것 같습니다.

한 가지 소원이 있다면 초등학생과 중학생들이 이 시리즈를 통해 물리학의 많은 개념을 정확하게 깨우쳐 미래에 노벨물리학상 수상자가 많이 배출되는 것입니다. 그런 희망이 항상 지칠 때마다 제게 큰 힘을 주었던 것 같습니다.